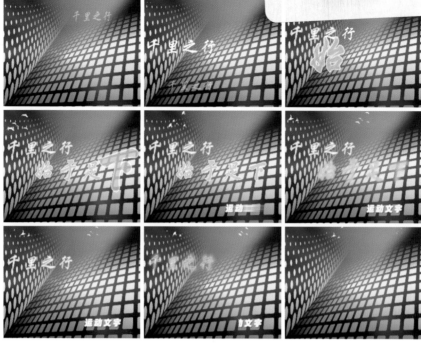

项目一效果图

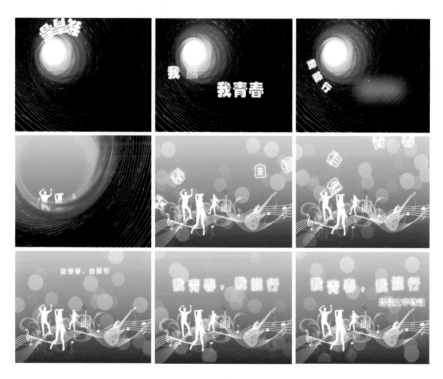

项目二效果图

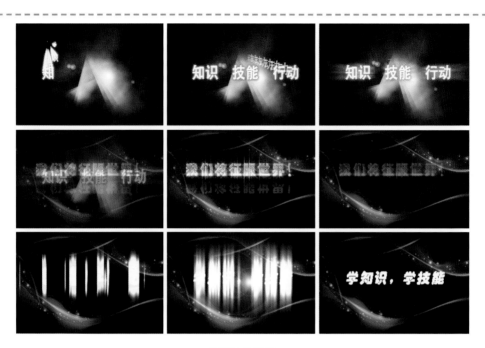

项目三效果图

项目四效果图

项目五效果图

项目六效果图

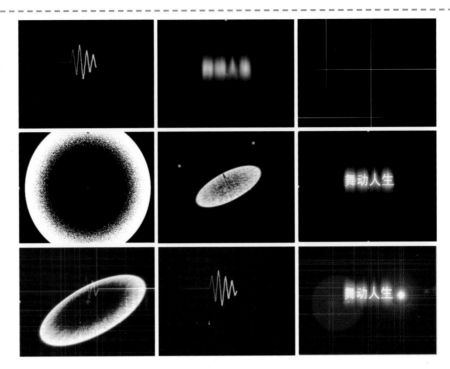

项目七效果图

项目八效果图

电脑动漫制作技术专业系列教材

影视特效制作——After Effects CS3 应用

Yingshi Texiao Zhizuo——After Effects CS3 Yingyong

钱 锋 主 编

周剑平 副主编

高等教育出版社·北京

HIGHER EDUCATION PRESS　BEIJING

内容简介

本书是中等职业学校电脑动漫制作技术专业主干课程教材，根据电脑动漫制作技术专业教学指导方案编写，基于"做中学，做中教"职业教育教学特色组织教学内容。通过完成教学项目来掌握 After Effects CS3 影视特效制作的基础知识与基本技能。本书项目内容实用，图文并茂，配书光盘提供了实例素材库。

本书导论对影视特效制作现状、平台及文件格式等基础知识进行简要介绍，为教学项目的制作与学习提供知识铺垫。项目一至项目三以文字特效为主要制作对象，通过文字特效的制作实践，掌握 After Effects CS3 的基本操作，为后续深入学习打基础。项目四、项目五介绍图片特效的制作，并注重文字特效与图片特效的有机结合。项目六、项目七、项目八为综合项目，有一定的难度梯度，通过综合项目的制作进一步提高各类特效制作水平，并加强各类特效的综合应用能力。

本书有配套学习卡资源，按照本书最后一页"郑重声明"下方的学习卡使用说明，登录"http://sve.hep.com.cn"，可上网学习，下载资源。

本书适合作为中等职业学校数字媒体技术应用、电脑动漫制作技术、计算机平面设计等专业的教材，也可供 After Effects CS3 普通用户自学参考。

图书在版编目(CIP)数据

影视特效制作：After Effects CS3 应用/钱锋主编.
—北京：高等教育出版社，2010.7
ISBN 978-7-04-029625-9

Ⅰ.①影…　Ⅱ.①钱…　Ⅲ.①图形软件，After Effects CS3-专业学校-教材　Ⅳ.①TP391.41

中国版本图书馆 CIP 数据核字(2010)第 109302 号

策划编辑	赵美琪	责任编辑	郭福生	封面设计	张志奇	版式设计　王　莹
责任校对	姜国萍	责任印制	尤　静			

出版发行	高等教育出版社	购书热线	010-58581118
社　　址	北京市西城区德外大街 4 号	咨询电话	400-810-0598
邮政编码	100120	网　　址	http://www.hep.edu.cn
			http://www.hep.com.cn
经　　销	蓝色畅想图书发行有限公司	网上订购	http://www.landraco.com
印　　刷	北京凌奇印刷有限责任公司		http://www.landraco.com.cn
		畅想教育	http://www.widedu.com
开　　本	787×1092　1/16	版　　次	2010 年 7 月第 1 版
印　　张	11.75	印　　次	2010 年 7 月第 1 次印刷
字　　数	270 000	定　　价	29.80 元(含光盘)
插　　页	2		

本书如有缺页、倒页、脱页等质量问题，请到所购图书销售部门联系调换。

前　言

　　After Effects 是由世界著名的图形图像处理、出版和成像软件设计公司——Adobe 系统公司开发的专业非线性特效编辑软件。其应用范围广泛,涵盖、电影、电视、广告、动画以及网页等,时下一些流行的计算机游戏也使用它进行合成制作。

　　本教材根据中等职业学校学生所具备的知识体系特点,尽量避免专业性太强的术语,而通过教学项目的制作实践来进行有效学习,有助于学生对基本制作技能的理解与掌握。教学项目设计具有生活性、职业性特点,并根据教学项目的难易程度,以递进方式组织教材内容。教学项目以学生较为熟悉的文字、图片、影像为素材编排线索,使学生掌握 After Effects 软件中层、滤镜、遮罩、关键帧等概念及基本特效制作技术,以达到做中学、轻松学的目的。每个教学项目后面均安排有思考题,以巩固特效制作的相关知识与技能;训练题供学生作强化训练使用,可根据学生学习情况选做。

教材编写特点

　　(1) 突出"做中学,做中教"的职业教育教学特色。教材共选取 8 个教学项目,每个教学项目的选取均紧密联系学生的学习与软件应用的特点,以就业为导向,通过教学项目的"做"及知识与技能的"提示",完成各类特效制作的"学"。

　　(2) 体现以学生为本的教学原则。在设计教学项目时注重素材生活化、结构简单化、作品鲜活性等特点,充分考虑学生的实际情况,将 After Effects 的主要基础知识与基本技能融入较易让学生接受的教学项目之中。

　　(3) 注重 After Effects 软件的学习特点。本教材以教学项目为主线,以任务作为教学项目的表现形式,每个任务包含一种基本特效技能,有利于学生对特效的理解。每个任务均有完整的教学素材;在技能点组织上,既考虑该软件学习的连贯性,又考虑特效制作的并行性特点。

　　(4) 强调学习过程的行动化特点。教学项目的制作让学生亲身经历实践学习和解决问题的全过程,遵循了学生学习、工作过程系统化的原则。每个学生在制作教学项目过程中学习知识与技能的同时,通过教材中的"提示"来加深理解。在项目七和项目八的教学内容设计过程中,为学生尝试新行动提供了空间,注重学生学习拓展能力的培养。

教材使用建议

　　(1) 师生关系定位。根据本教材的特点,以教学项目为单元组织教学内容,在学生"做"的过程中,教师要起到"教练"、"组织者"的作用。在组织教学实施过程中,要关注学生的专业基础、软件学习能力及认知特点,采用多种组织方式,激发学生的学习兴趣,达到学习目标。教师在组织教学过程中,要对知识技能进行综合梳理,在学生学习过程中及时引导,使学生在"做"与"学"的过程中既完成教学项目,又真正掌握特效制作技能。

（2）教学时间安排。在教学时间安排上，可根据学生实际学习情况进行分配。建议总授课时间为 54 课时，其中：导论 2 课时，每个项目 6 课时；其余机动课时可根据学生掌握情况进行调整，让学生有充分的时间在"做"中掌握 After Effects 软件应用的基本技能及理解特效制作的基础知识。

（3）配套资源使用。本书配套光盘中有教学项目素材、教学项目作品源文件及目标文件、操作过程录屏、教案等资料可供教师选用。教学项目素材在导入计算机时要注意目录结构，否则会影响文件的演示。在组织教学过程中，教学项目目标视频文件供学生模仿制作。操作过程录屏可供学生自学与教师演示使用。教案与课件仅供参考，教师应根据学生实际情况自行修改后使用。本书还配有学习卡资源，按照本书最后一页"郑重声明"下方的学习卡使用说明，登录 http://sve.hep.com.cn，可上网学习，下载资源。

本教材的编写离不开教材编写团队的共同努力。本教材由杭州市职教研究室钱锋担任主编并编写导论与项目一，浙江商业职业技术学院周剑平担任副主编并编写项目六、项目七及项目八，杭州市中策职业学校朱米娜编写项目二与项目三，金华职业技术学院修瑞云编写项目四，金华职业技术学院汪滢编写项目五。本书由钱锋统稿。浙江工业大学顾容副教授审阅了全部书稿；编写过程中得到了部分动漫公司与中职学校教师的支持，在此一并感谢。

由于水平有限，书中难免存在疏漏和不妥之处，恳请广大读者批评指正。联系邮箱：hzqianfeng@gmail.com。

编　者
2010 年 3 月

目　　录

导论　影视特效制作基础

利用计算机数字技术制作,提升或处理影视片原始画面的视觉效果,已成为影视片制作中的重要手段。在影视片中,人工制造出来的假象和幻觉被称为影视特效,影视摄制者利用它们来避免让演员处于危险的境地,降低影视的制作成本,并能达到更扣人心弦的现场气氛。图 0-1 所示为电影《2012》的宣传海报。《2012》电影中的视觉特效镜头多达 1 300 多个,其中包括火山爆发、海啸、水灾以及将整个加利福尼亚州"撕碎"的地震……在其中一个 3 分钟的灾难镜头中,影片主角之一杰克逊·柯蒂斯驾车在洛杉矶街道上演"生死时速",道路两边的建筑纷纷倒塌,这一场景就需要利用专业的视觉特效技术来完成。图 0-2 所示为电影《阿凡达》的宣传海报。相信看过该影片的观众无不为其中的影视特效感到震撼。

图 0-1　电影《2012》宣传海报

图 0-2　电影《阿凡达》宣传海报

　　计算机技术的发展是影视特效技能发展的基础。在学习影视特效技能之前,首先要了解什么是非线性编辑。现代"非线性"的概念是与"数字化"的概念紧密联系在一起的。"非线性"的概念来源于视音频信息存储的方式,是指用数字硬盘、光盘等介质存储数字化视音频信息的方式,信息存储的位置是并列平行的,与接收信息的先后顺序无关,表现出的巨大优势就是对存储的素材可进行任意排列组合,并能很方便地修改。可见计算机软件与硬件技术的发展是非线性编辑发展的基础。影视特效制作也是一类非线性编辑。随着计算机硬件技术的发展,非线性编辑软件的选用对影视特效制作也至关重要。在本导论中对影视特效的一些基础知识及 After Effects CS3 特性进行简单介绍,为后续学习奠定基础。

一、影视特效制作平台简介

　　目前非线性编辑软件至少有几十种,其中在市场上占有较大份额的特效制作合成软件主要有以下 6 种。美国 Adobe 公司(www.adobe.com)推出的 After Effects(简称 AE)一直是最为流行的个人计算机平台图像合成、特效制作软件,本书将主要针对该软件的使用进行介绍;美国 Apple 公司(www.apple.com)推出的 Shake 一直是奥斯卡特效艺术家们的选择,如《指环王 3:王者归来》中的特效就有 Shake 的功劳;加拿大 Discreet Logic 公司(www.discreet.com)推出的合成系统软件 Inferno(主要用于高档电影特技制作)、Flame(主要用于 35 mm 电影特技制作)、Flint(主要用于电视节目制作)及 Combustion(主要用于 PC 上的制作,称为"PC 平台上的Flint"),软件系统功能非常强大,是当前影视特效制作的主流系统之一;美国 Avid 公司(www.avid.com)推出的 AviDS 是集合成与编辑于一体、功能非常全面的后期软件系统,主要以流程方式进行图像合成;英国 Quantel 公司(www.quantel.com)推出的 generationQ 组合了混合、摄像机、演示过程与 DVE 轴线视角,并能无限层合成,每层具有无限处理功能等特点。

二、影视特效技术基础知识和概念

1. 视频标准

　　目前,在世界上主要有三种电视广播视频标准制式:NTSC、PAL 和 SECAM 制式。

(1) NTSC 制式

　　NTSC 是 National Television Standards Committee 的缩写,意思是"(美国)国家电视标准委员会"。NTSC 负责开发一套美国标准电视广播传输和接收标准。NTSC 的主要参数有:场频为每秒 60 场,帧频为 30 fps,扫描线为 525 行。NTSC 制式目前主要用于美国、日本等国家和地区。

(2) PAL 制式

　　PAL 是 Phase Alternating Line(逐行倒相)的缩写。它是前联邦德国在 1962 年制定的彩色电视广播标准,它采用逐行倒相正交平衡调幅的方法,克服了 NTSC 制式相位敏感造成色彩失真的缺点。PAL 制式电视的供电频率为 50 Hz,场频为每秒 50 场,帧频为 25 fps,扫描线为 625 行。德国、英国等一些西欧国家,中国内地和中国香港以及澳大利亚、新西兰、新加坡等国家和地区采用这种制式。由于我国采用 PAL 制式,因此在本书的项目制作过程中,均采用 PAL 制式标准。

（3）SECAM 制式

SECAM 制式是法国 1966 年制定的，它克服了 NTSC 制式的彩色失真问题，采用时间分隔法来传输两路色差信号。主要参数有：帧频为 25 fps，扫描线 625 行，隔行扫描，画面比例为 4：3，分辨率为 720×576 像素，主要是法国和一些东欧国家使用。

2. 常用的视频概念

（1）像素

pixel（像素）由 picture（图像）和 element（元素）这两个单词组合而成。像素是显示设备屏幕上图像成像的最小单位。像素数目越多，画面色彩就越丰富，图像就越逼真。

（2）图像分辨率

分辨率（resulution）是指图像中包含像素的数量。常常以横向和纵向上像素的具体数值来表示。分辨率越高，图像就越清晰，但是处理及存储所耗费的资源也越多。PAL 制式视频是 720×576 像素，表示屏幕垂直方向有 720 个像素，水平方向有 576 个像素。

（3）帧和帧频

动态的视频是一系列静态图片连续播放而形成的，每幅画面叫做一帧（frame），每秒播放的画面数就是帧频（fps）。一个动画只能采用一个帧频。PAL 制式的帧频为 25 fps，高清晰度视频常用帧频为 59.94 fps。

（4）压缩

压缩在数字视频中是一个很重要的概念。当视频被压缩后，才可以得到计算机的高效处理并能减少视频文件占用的存储空间，对于视频在网络上传播尤为关键。压缩是通过压缩比来衡量其压缩情况。压缩比是指经压缩后图像文件大小和图像文件文件原始大小的比例。

3. 色彩模式

（1）色光三原色（RGB 三原色）——加色法原理

RGB 模式多用于计算机屏幕色彩显示。人的眼睛是根据所看见的光的波长来识别颜色的。可见光谱中的大部分颜色可以由三种基本色光按不同的比例混合而成，如图 0-3 所示，这三种基本色光的颜色就是红（Red）、绿（Green）、蓝（Blue）。这三种光以相同的比例混合，且达到一定的强度，就呈现白色（白光）；若三种光的强度均为零，就是黑色（黑暗）。这就是加色法原理，加色法原理被广泛应用于电视机、显示器等主动发光的产品中。因此，一般在特效制作过程中采用色光三原色进行色彩管理。

图 0-3　色光三原色

（2）颜料三原色（CMYK 三原色）——减色法原理

CMYK 模式多用于印刷业。在打印、印刷、油漆、绘画等靠介质表面的反射被动发光的场合，物体所呈现的颜色是光源中被颜料吸收后所剩余的部分，所以其成色的原理叫做减色法原理。减色法原理被广泛应用于各种被动发光的场合。如图 0-4 所示，在减色法原理中的三原色颜料分别是青（Cyan）、品红（Magenta）和黄（Yellow），但这三原色相减无法得到黑色，所以又添加了黑色

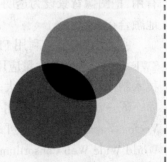

图 0-4　颜料三原色

（Black）。

4. 各类素材文件格式

（1）常用图片文件格式

① PSD 格式。PSD 格式是 Adobe 公司的图像处理软件 Photoshop 的专用格式，在 Photoshop 所支持的各种图像格式中，PSD 的存取速度比其他格式快很多，功能也很强大。

② BMP 格式。BMP 是英文 bitmap（位图）的简写，它是 Windows 操作系统中的标准图像文件格式，能够被多种 Windows 应用程序所支持。这种格式的特点是包含的图像信息较丰富，几乎不进行压缩，因此占用磁盘空间很大。

③ GIF 格式。GIF 是英文 Graphics Interchange Format（图形交换格式）的缩写。GIF 格式的特点是压缩比高，占用磁盘空间较少，后来随着技术发展，可以同时存储若干幅静止图像进而形成连续的动画，使之成为当时支持 2D 动画为数不多的格式之一（称为 GIF89a），而在 GIF89a 图像中可指定透明区域，目前 Internet 上大量采用的彩色动画文件多为这种格式的文件。

④ JPEG 格式。JPEG 是一种常见压缩图像格式，它由联合照片专家组（Joint Photographic Experts Group）开发的。其压缩技术十分先进，它用有损压缩方式去除冗余的图像和彩色数据，在获得极高的压缩比的同时能展现十分丰富、生动的图像。在网络和光盘读物方面，它的应用也非常广泛。

⑤ TIFF 格式。TIFF 是 Mac 中广泛使用的图像格式，它由 Aldus 和微软公司联合开发，最初是出于跨平台存储扫描图像的需要而设计的。它的特点是图像格式复杂、存储的信息多。正因为它存储的图像细微层次的信息非常多，图像的质量也得以提高，故而非常有利于原稿的复制。目前在 Mac 和 PC 上移植 TIFF 文件也十分便捷，因而 TIFF 现在也是 PC 上使用最广泛的图像文件格式之一。

⑥ PNG 格式。PNG（Portable Network Graphics）是一种新兴的网络图像格式。PNG 是目前失真最小的格式，它汲取了 GIF 和 JPG 的优点，兼有 GIF 和 JPG 的色彩模式；它的另一个特点是具有很高的压缩率，非常便于网络传输，同时又能保留所有与图像品质有关的信息，因为 PNG 是采用无损压缩方式来减少文件的大小，这一点与牺牲图像品质以换取高压缩比的 JPG 格式有所不同；它的第三个特点是显示速度很快，只需下载 1/64 的图像信息就可以显示出低分辨率的预览图像；另外，PNG 同样支持透明图像的制作，透明图像在制作网页图像的时候很有用，把图像背景设为透明，用网页本身的颜色信息来作为背景，这样可让图像和网页很和谐地融合在一起。

⑦ SWF 格式。利用 Flash 可以制作出一种后缀名为 SWF（Shockwave Format）的动画。SWF 动画如今已被大量应用于网页，以实现多媒体演示与交互性设计。SWF 动画是基于矢量技术制作的，因此不管放大多少倍，画面同样清晰。

⑧ SVG 格式。SVG 可以算是目前较火热的图像文件格式，它的英文全称为 Scalable Vector Graphics，意思为可缩放的矢量图形。它基于 XML（eXtensible Markup Language），由 World Wide Web Consortium（W3C）联盟进行开发。严格来说，SVG 应该是一种开放标准的矢量图形语言。用户可以直接用代码来描绘图形，可以用任何文字处理工具打开 SVG 图形，通

过改变部分代码来使图形具有交互功能,并可以随时插入到 HTML 中通过浏览器来观看。它提供了目前网络流行格式 GIF 和 JPEG 无法具备的优势:可以任意放大图形,但不会以牺牲图形质量;字在 SVG 图形中保留可编辑和可搜寻的状态;平均来讲,SVG 文件比 JPEG 和 GIF 格式的文件要小很多,因而下载也很快。可以相信,SVG 的开发将会为 Web 提供新的图像标准。

⑨ PCX 格式。PCX 格式是 ZSOFT 公司在开发图像处理软件 Paintbrush 时开发的一种格式,这是一种经过压缩的格式,占用磁盘空间较少。由于该格式出现的时间较长,并且具有压缩及全彩色的能力,所以现在仍比较流行。

⑩ DXF 格式。DXF(Drawing Exchange Format)是 AutoCAD 中的矢量文件格式,它以 ASCII 码方式存储文件,在表现图形的大小方面十分精确。许多软件都支持 DXF 格式的输入与输出。

⑪ WMF 格式。WMF(Windows Metafile Format)是 Windows 中常见的一种图元文件格式,属于矢量文件格式。它具有文件短小、图案造型化的特点,整个图形常由各个独立的组成部分拼接而成,其图形往往较粗糙。

⑫ FLIC(FLI/FLC)格式。FLIC 格式由 Autodesk 公司开发。FLIC 是 FLC 和 FLI 的统称:FLI 是最初的基于 320×200 像素的动画文件格式,而 FLC 则采用了更高效的数据压缩技术,所以具有比 FLI 更高的压缩比,其分辨率也有了不少提高。

⑬ EPS 格式。EPS(Encapsulated PostScript)是 PC 用户较少使用的一种格式,而苹果 Mac 机的用户则用得较多。它是用 PostScript 语言描述的一种 ASCII 码文件格式,主要用于排版、打印等输出工作。

⑭ TGA 格式。TGA(Tagged Graphics)文件是由美国 Truevision 公司为其显示卡开发的一种图像文件格式,已被国际上的图形、图像工业所接受。TGA 的结构比较简单,属于一种图形、图像数据的通用格式,在多媒体领域有着很大影响,是计算机生成图像向电视转换的一种首选格式。

(2) 常用视频文件格式

① AVI 格式。中文称为音频视频交错格式,也就是可以将音频和视频交织在一起进行同步播放。这种视频格式的优点是图像质量好,可以跨多个平台使用,缺点是文件过大,而且压缩标准不统一。AVI 格式是 AE 常用的输出格式。

② MOV 格式。MOV 是苹果公司开发的一种视频格式,默认的播放器为 QuickTime Player。该格式具有较高的压缩率和较完美的视频清晰度,可以得到较小的文件和画面质量很高的影片。

③ ASF 格式。ASF 称为高级流格式,采用 MPEG-4 的压缩算法,压缩比和图像质量都不错,可以直接使用 Windows 自带的 Windows Media Player 进行播放。

④ MPEG 格式。MPEG 格式即运动图像专家组格式,家里常看的 VCD、SVCD、DVD 就是这种格式。MPEG 格式是运动图像压缩算法的国际标准,它采用的压缩算法的依据是相邻两幅画面绝大多数是相同的,把后续图像中和前面图像有冗余的部分去除,从而达到压缩的目的(其最大压缩比可达到 200:1)。

(3) 常用声音文件格式

① WAV 格式。WAV 格式是微软公司开发的一种无损声音文件格式,用于保存 Windows 平台的音频信息资源,被 Windows 平台及其应用程序所支持,是目前 PC 上广为流行的声音文件格式,几乎所有的音频编辑软件都支持 WAV 格式。

② MP3 格式。MP3 格式是指 MPEG 标准中的音频部分,也就是 MPEG 音频层,是一种有损压缩,其文件小、音质好。

③ AAC 格式。AAC 格式是由苹果公司认证并推广的一种压缩的音乐格式,其文件比 WAV 格式文件小,并且对便携数字播放器进行了很好的优化,可以让并不专业的小设备达到准专业播放效果。

④ MID 格式。MID 格式允许数字合成器和其他设备交换数据。MID 格式文件并不是一段录制好的声音,而是记录声音的信息,然后再告诉声卡如何再现音乐的一组指令。

⑤ WMA 格式。WMA 格式是微软公司推出的一种音频格式,即使在较低的采样频率下也能获得较好的音质。一般使用 Windows Media Audio 编码格式的文件以 WMA 作为扩展名,一些使用 Windows Media Audio 编码格式编码其所有内容的纯音频 ASF 文件也使用 WMA 作为扩展名。

三、After Effects CS3 软件简介

After Effects(AE)是由世界著名的图形设计、出版和成像软件设计公司 Adobe 公司开发的专业非线性特效编辑软件。AE 应用范围广泛,涵盖电影、电视、广告、多媒体以及网页等领域,时下最流行的一些计算机游戏,很多也使用它进行合成制作。

AE 是一个灵活的基于层的 2D 和 3D 后期合成软件,包含了上百种特效及预置动画效果,可以与同为 Adobe 公司出品的 Premiere、Photoshop、Illustrator 等软件无缝结合,创建无与伦比的特效效果。在影像合成、动画、视觉效果、非线性编辑、设计动画样稿、多媒体和网页动画方面都有其发挥余地。与主流 3D 软件也可良好结合,如 Softimage XSI、Maya、Cinema4D、3ds max 等。

目前,AE 被广泛应用于影视特效制作、各类广告片制作、电视栏目包装、Internet 动画及多媒体素材制作等。本书以 Adobe After Effects CS3 Professional 英文版本为平台进行介绍,以下提到的 AE CS3,均指该版本。

1. AE CS3 的系统要求

AE CS3 对硬件配置有一定的要求,计算机配置的档次决定了其运行速度,特别是在渲染环节。因此对于 PC 用户,在 CPU、内存和显示卡的配置上要达到一定的要求。CPU 要选用 1.5 GHz、双核或更高档次的处理器,内存至少 2 GB 以上,并要选用支持 Shader 和 NPOT 贴图的 OpenGL 显示卡,以保证在制作项目过程中不会因硬件资源不足而影响制作效率。

AE CS3 对软件配置要求并不是很高,流行的操作系统与辅助软件均能满足要求。Windows XP 和 Windows Vista 均支持 AE CS3 系统。在软件系统中要注意预先安装好相关素材编辑的辅助软件,以提高项目制作速度。

2. AE CS3 特性

具有高质量与高效率的视频处理能力。AE CS3 已支持 HDR(高动态范围)图像,通过

HDR 影片和曝光控制,用户可以在合成窗口中轻松调节图像的显示,而曝光控制不会影响最终的渲染。AE CS3 提供了高保真的 OpenGL 2.0 预览和渲染功能,用较少的时间即可实现高质量的预览。无限层电影和静态画面的合成技术,可以方便实现视频和静态画面的无缝合成。

具有强大的特技控制能力。AE CS3 通过新增的功能及利用大量的插件来增强特效效果和动画控制。曲线编辑器功能可以让用户更加轻松地查看和控制动画属性;新增的 Shape Layers 工具提供了强大的矢量图形创作功能;新增的 Pupper 工具可以为任何层添加生动的拟人化角色特效;通过新增的 Brainstorm 工具的应用,可以让用户快速地在各种丰富的特效参数变化中找到合适的、符合创意的特效结果;新增的 Per-character 3D Text 工具大大加强 3D 文本的控制能力。AE CS3 新增的很多工具及插件可以提高制作效率并增加创作自由度。

作为 Adobe 家族的一员,同 Adobe 其他软件的结合越来越紧密。 AE CS3 可支持 Photoshop 的图层样式、视频图层样式及消失点特性等,真正做到与 Photoshop 等软件无缝衔接;AE CS3 与 Adobe Premimere Pro 之间可以轻松地交换项目、合成图像、轨迹和图层;AE CS3 在输出 Flash 视频时还可以保持 Alpha 通道信息,为 Flash 软件中进行抠像及背景合成带来了方便。与 Adobe 家族其他软件的无缝结合,大大增强了 AE CS3 素材来源的便利,并扩展了 AE CS3 的应用领域。

3. AE CS3 特效制作的一般流程

AE CS3 特效制作的一般流程如图 0-5 所示。在正式制作之前,根据制作项目的目标要求,对特效进行有效规划,可以达到事半功倍的效果。规划内容包括:素材的准备、制作步骤设计、特效选用等。根据规划进行制作,在制作过程中进行调整,减少修改与调整步骤,有助于提高制作效率与质量。

在 AE CS3 制作过程开始之前,首先要进行项目的初始设置,主要是根据项目的特点进行显示样式、色彩模式及音频等设置。

AE CS3 的素材导入与管理非常方便。AE CS3 支持前面提到的各种图像、视频及声音文件格式。素材的导入方式也灵活、多样,可以一次导入一种素材,或多种素材一次导入;既可以通过菜单方式导入素材,也可以通过鼠标拖曳方式导入素材。在项目窗口中可以对导入的素材进行方便的分类管理,还可以采用代理素材的功能,提高创作效率的同时保证特效的质量。

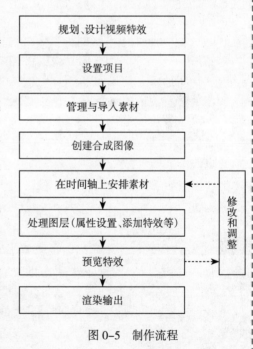

图 0-5　制作流程

素材导入后,通过创建的合成图像可以将素材分层放置到时间轴上,就可以进行合成和动画处理,进行规划的特效制作,并预览制作结果。通过不断的修改与调整,完善特效制作,最终渲染输出,即完成整个特效制作。

小结与训练

小结

本导论简要介绍了影视特效制作的基础知识、常用软件以及一些基本概念，如视频标准、色彩三元色、支持的图像和视频文件格式等，并着重介绍了 AE CS3 软件的硬软件要求、特性及特效制作的一般流程等，为后面教学项目制作与学习做好准备。

思考题

1. 常用特效合成制作软件有哪些，分别出自于哪些公司？
2. AE CS3 输出的动画文件格式主要有哪些？有什么特点？
3. AE CS3 特效制作一般流程有哪些步骤？

项目一 "千里之行 始于足下"
——运动文字特效

项目简介

日常生活中,在各类电视节目、电影、广告等视频作品中会发现文字无处不在。文字在视频制作中有着重要的作用,它不仅负担着标题、说明的任务,同时在不同的语言环境中扮演着交流的中介角色。若能够让文字运动起来,将为视频节目增色许多。

通过本项目的制作,熟悉 After Effects CS3 的基本工作界面,了解各个窗口和面板的组成与作用;掌握运动文字制作的基本流程,学会导入、组织素材,学会创建文字图层、输入文字、设置字符格式,应用文字预设特效,添加、设置关键帧,通过更改文字图层属性参数的基本处理方式使文字产生动画效果,渲染输出影片等操作技能;掌握移动、缩放、旋转、淡入淡出等常用运动文字特效的制作;对项目、合成图像、图层、关键帧、遮罩、Alpha 通道等基本概念有较深的理解,为后续学习打好基础。

效果截图

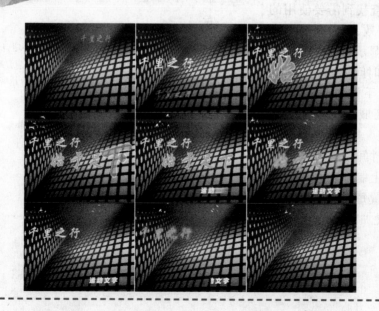

任务一 新建项目

STEP1：认识基本界面

启动 After Effects CS3，在启动过程中按 Ctrl+Alt+Shift 组合键可恢复默认参数设置。After Effects CS3 的主界面如图 1-1 所示。

菜单栏：包含软件所有操作命令。

工具栏：显示工具按钮。

Project(项目)面板：管理、查看素材和合成图像的基本信息。

Composition(合成)面板：进行 After Effects 创作的工作区，预览动画效果。

Info(信息)/Audio(音频)面板：显示鼠标在视频面板的颜色信息和坐标等。

Time Controls(时间控制)面板：控制合成面板动画预览。

Effects & Presets(特效和预置)面板：可快速查找到需要使用的滤镜或预设特效，对所有滤镜和预设进行分类显示。

Timeline(时间轴)面板：以图层形式从上至下排列素材，上面图层的透明区域显示下面图层内容。

时间轨：时间轴面板的一部分，在时间轨上制作各种关键帧动画，可以设置每个图层的出入点、图层间的叠加模式等。

> **提示**
>
> 默认参数包括了 General(常规设置)、Previews(预览)、Display(显示)、Import(导入)、Output(输出)、Grids & Guides(网格和辅助线)、Label Colors(标签颜色)、Label Defaults(默认标签)、Memory&Cache(内存和缓存)、Viedo Preview(视频预览)、User Interface Color(用户界面颜色)、Auto-Save(自动保存)、Multiprocessing(多处理器)、Audio Hardware(音频硬件)、Audio Output Mapping(音频输出映射)。
>
> 可以通过 Edit → Preferences 菜单命令打开系统参数设置对话框，根据需要进行设置。

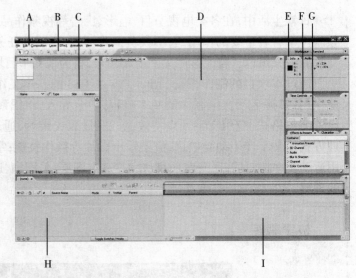

A. 菜单栏 B. 工具栏 C. Project(项目)面板
D. Composition(合成)面板 E. Info(信息)/Audio(音频)面板
F. Time Controls(时间控制)面板 G. Effects & Presets(特效和预置)面板
H. Timeline(时间轴)面板 I. 时间轨

图 1-1 默认操作界面

> **提示**
>
> 可以通过 Window 菜单显示或隐藏面板，也通过拖动面板来自定义工作区。
>
> 将鼠标指针移到面板上，按 ~ 键将使面板最大化，再次按该键可以恢复原来尺寸。

STEP2:熟悉工具栏、面板组成

工具栏各按钮介绍如图1-2所示。

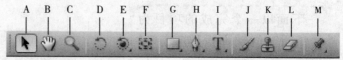

A. 选择工具 　B. 抓手工具 　C. 缩放工具 　D. 旋转工具
E. 轨道摄像机 　F. 轴心点工具 　G. 矩形工具 　H. 钢笔工具
I. 文字工具 　J. 画笔工具 　K. 仿制图章工具 　L. 橡皮擦
M. 人偶工具

图1-2　工具栏

提示

将鼠标在工具按钮上停留片刻,会显示工具名及其对应的键盘快捷键。按钮右下角的小三角表示该工具隐藏了一个或多个其他工具,单击并按住该按钮,可显示隐藏的工具。

选择工具:用于选取对象、合成图像、图层等。

抓手工具:用于移动合成图像在Composition面板中的位置。

缩放工具:缩小和放大Composition面板中的预览视图。

旋转工具:旋转选取对象。

轨道摄像机:调整摄像机的视角,专门为操纵三维视觉而设计,只对三维图层有用。

轴心点工具:调整对象中心轴点的位置。

矩形工具:绘制遮罩形状。

钢笔工具:绘制、编辑、调整路径。

文字工具:输入文字,创建文字图层。

画笔工具:绘制图形。

仿制图章工具:将指定区域的像素复制并应用到另外位置。

橡皮擦:擦除图像或笔触。

人偶工具:制作出各种模拟动画,包括人体的各种动作效果。

面板各部分组成如图1-3所示。

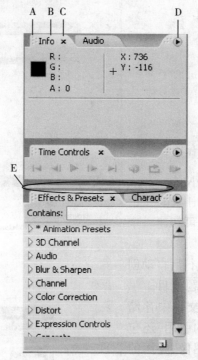

A. 控制手柄
B. 面板标题
C. "关闭面板"按钮
D. "打开面板菜单"按钮
E. 面板组的滚动条

图1-3　面板组成

提示

左右移动"滚动条"可以显示隐藏的面板标题。

如果要将面板拖曳到其他区域重新组合,可单击该面板的控制手柄并按住左键,然后将其拖曳到其他面板区域放置。

下面以一个完成的项目为例,介绍时间轴面板,如图1-4所示。

A. 合成图像名称

B. 当前时间

C. 音频、视频开关栏

D. 源文件/图层名称栏

E. 图层开关

F. 工作区开始标记

G. 当前时间指针

H. 时间标尺

I. Timeline(时间轴)面板菜单

J. 工作区结束标记

K. 合成图像按钮

L. 时间缩放滑块

M. 图层时间轨

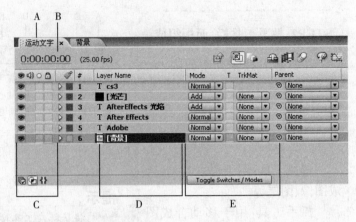

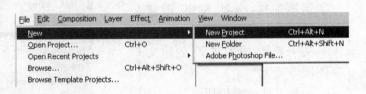

图1-4 Timeline面板

STEP3:新建、保存项目

单击菜单 File → New → New Project,命令,或按 Ctrl+Alt+N 组合键,如图1-5所示,可新建一个项目。

After Effects 在运行后自动创建了一个空的、无标题项目。工程项目是单个文件,文件中存储项目中所有素材项的引用,还包含组合素材的合成图像、应用的特效以及最终产生的输出,文件扩展名为".aep"。

单击菜单 File → Save As 命令,打开 Save As 对话框,如图1-6所示,可保存项目。

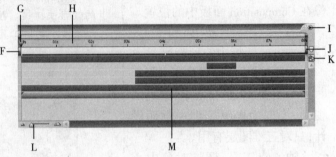

图1-5 新建项目

图1-6 保存项目

STEP4:导入素材

单击菜单 File→Import→File，在对话框中选择附带光盘中"项目一素材"文件夹中的"bird.mov"和"背景.psd"文件，从 Import As 下拉列表框内选择 Composition-Cropped Layers（合成图像－剪裁后的图层），如图 1-7 所示。

图 1-7　导入素材

当导入含有图层的文件时，如 Photoshop 的 .psd 文件和 Illustrator 的 .ai 文件，采用 Composition（合成图像）方式，AE 将整个素材作为一个合成图像导入，最大限度保留原素材的图层信息，而且可以在原有图层基础上制作特效和动画。

由于 .mov 视频文件包含了一个无标记的 Alpha 通道，需要用户选择设置，如图 1-8 所示。

图 1-8　素材导入设置

Alpha 通道用来保存图像显 / 隐区信息，白色的像素用以定义不透明的彩色像素，黑色像素用以定义透明像素，黑白之间的灰阶用来定义半透明像素。

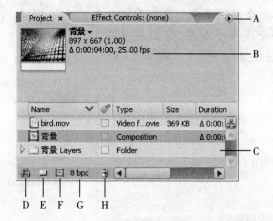

A. 面板菜单　　　B. 素材信息显示区域　　C. 面板主要部分
D. 查找器工具　　E. 新建文件夹工具　　F. 新建合成工具
G. 项目颜色深度调节工具　　H. 垃圾桶工具

图 1-9　Project 面板

此时在 Project 面板中显示导入的素材，选择其中一个素材项后，将看到上方显示素材缩略图，Project 面板组成如图 1-9 所示。

提示

导入文件时，AE 并不将素材项本身复制到项目中，而只是在 Project 面板中创建一个到该素材项的链接，这样可以节省磁盘空间。

STEP5：创建合成图像

单击菜单 Composition → New Composition(新建合成图像)命令，在弹出对话框中进行参数设置；合成图像名为"运动文字"，取消选中 Lock Aspect Ratio to 5：4 复选框，大小为 600×480 像素，选择 D1/DV PAL(1.07)，时间长度为 8 秒，其他数值为默认，如图 1-10 所示。

合成图像是用来创建所有动画、图层和特效的地方，它同时具有空间尺度和时间尺度(称为持续时间)。在 AE 的一个项目中可以创建多个合成图像，每个合成图像都可以作为一段素材应用到其他合成图像中。合成图像包含一个或多个图层，它们排列在 Timeline 面板中。

"运动文字"合成图像出现在 Project 面 板 和 Composition 面板中，如图 1-11 所示。

单击菜单 File → Save 命令，保存该项目文件。

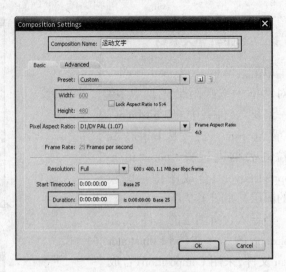

图 1-10　创建合成图像

提示

创建合成图像的方法还有：在 Project 面板中单击"创建合成"按钮，或者按组合键 Ctrl+N。

我国 PLA 电视制式的标准清晰度是 720×567 像素，像素宽高比是 1.07，屏幕标准比例是 4：3。

图 1-11　查看合成图像

提示

可以通过双击 Project 面板中的合成图像，在 Composition 面板中进行切换，以查看各个合成图像。

对素材进行归类是非常有必要的。可以通过单击 Project 面板底部的"新建文件夹"按钮在面板中创建文件夹来存放同类素材，以便归类。

任务二　文字录入及格式设置

STEP1：创建文字图层

单击菜单Window→Workspace→Text命令，将当前工作界面切换成文字工作界面，显示处理文字时所需的Character面板，如图1-12所示。

在工具栏上选择Horizontal Type（横排文字）工具 T。

在Composition面板内任一位置单击，输入"千里之行"，如图1-13所示。

按数字键盘上的Enter键退出编辑模式，此时Timeline面板出现文字图层，如图1-14所示。

图层是构成合成图像的基本要素，添加到合成图像的所有素材——静态图像文件、动态图像文件、音频文件、摄像层或另一个合成图像等都将成为新图层，没有图层的合成图像将仅包含一个空帧。使用图层，在合成图像中处理素材项时就不会影响到其他素材。

文字图层有T图标，表示可编辑、添加文字。

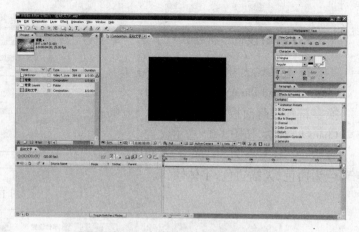

图1-12　文字工作界面

图1-13　输入文字

提示

选择文字工具后可以按住左键拉出一个矩形框，其中输入的文字称为"段落文本"；单击输入的文字称为"点文本"。

在Composition面板使用选择工具 选择文字图层，再选择文字工具 T，在该面板右击，选择Convert To Paragraph Text或Convert To Point Text命令可实现二者的转换。

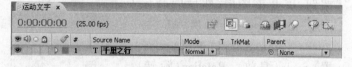

图1-14　文字图层

提示

如果按普通键盘而不是数字键盘上的Enter键，将开始一个新的段落。

可以通过选用其他工具（如选择工具）退出文字编辑模式。

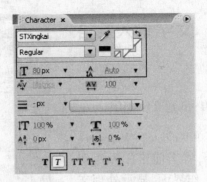

STEP2:设置字符格式

在工具栏上单击 Toggle The Character And Paragraph Panels(切换字符和段落面板)工具 ■,显示 Character 面板,按图 1-15 所示设置参数:文字大小为 80 px,字体颜色为白色,无描边色,字体倾斜。

图 1-15　设置字符格式

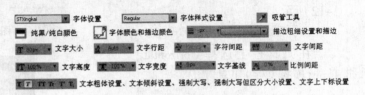

图 1-16　Character 面板各按钮功能介绍

Character 面板各按钮功能介绍如图 1-16 所示。

任务三　设置文字动画

STEP1:固定文字位置

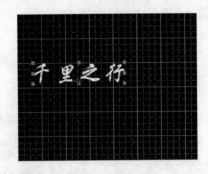

图 1-17　移动文字

单击菜单 View → Show Grid (显示网格)命令,使用工具栏上的选择工具 ▶ 选中 Composition 面板中的文字图层并移动,位置如图 1-17 所示。

单击 Timeline 面板中的"千里之行"文字图层层号左边的 ▶ 按钮,展开该图层,然后展开该图层的 Transform(变换)属性:Anchor Point(轴心点)、Position(位置)、Scale(缩放)、Rotation(旋转)和 Opacity(不透明度),如图 1-18 所示。

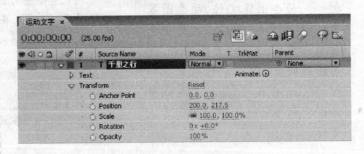

图 1-18　Transform 属性

提示

除了移动 Composition 面板中的文字图层进行定位外,还可以通过更改 Position 属性的参数来精确定位,该参数表示文字图层轴心点在合成图像中的坐标位置。

将鼠标指针停留于各参数上方,当出现 提示时,按鼠标左键左右拖动,可以更改参数,或者单击参数区域,输入数值进行更改。更改 Anchor Point(轴心点)的 Y 轴参数,此时文字下移,轴心点不动,如此轴心点便位于文字中心,如图 1-19 所示。参数变化如图 1-20。

图 1-19　将轴心点定位到中心

要快速查看 Transform 的某个属性,可选择该图层,然后按 A 键显示 Anchor Point 属性,按 P 键显示 Position 属性,按 S 键显示 Scale 属性,按 T 键显示 Opacity 属性,按 R 键显示 Rotation 属性;若要同时显示多个属性,可在前一个属性的基础上,按 Shift 键同时按其他属性的快捷键。

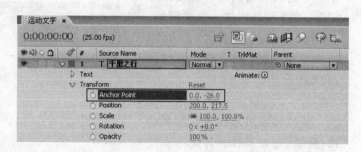

图 1-20　参数设置

提示

单击轴心点工具 ,拖动文本中心点,也可调整文字中心位置。移动同时按住 Shift 键,可实现水平或垂直方向的移动。

选择"千里之行"图层,按 Ctrl+D 组合键复制该图层。单击复制得到的"千里之行 2"图层前的 和 按钮,锁定和隐藏该层,以备后用,如图 1-21 所示。

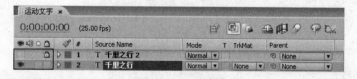

图 1-21　复制图层

STEP2：添加文字动画

选择"千里之行"图层,按 P 键显示 Positon 属性,单击属性名称前的关键帧记录器 ,在 0 秒处添加一个关键帧,如图 1-22 所示。

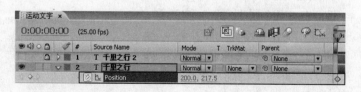

图 1-22　创建 Positon 关键帧

单击 Composition 面板底部的当前时间 0:00:00:00，在弹出的 Go to Time 对话框中输入 100，这样可以将时间指针精确定位到 1 秒处，如图 1-23 所示。

图 1-23 更改当前时间

单击图层前的添加关键帧按钮◇，在 1 秒处添加一个关键帧。以同样的方式在 1:15 秒处添加一个关键帧，最后的效果如图 1-24 所示。

图 1-24 创建关键帧

关键帧可用来创建和控制动画、特效、音效属性和其他很多随时间改变的属性。关键帧标记一个定义了特定值（如位置、大小、不透明度或音量等）的时间点。用关键帧产生随时间变化的动画时，至少需要两个关键帧：一个作为动画开始状态，另一个作为动画结束状态。

提示

一旦某个图层的关键帧记录器◎被激活后，无论何时对该参数进行修改，都将生成新的关键帧。若再次单击◎关闭关键帧记录器，则该属性的所有关键帧都将被删除。

关键帧导航器位于各图层属性名称之前，各按钮的功能如图 1-25 所示。

A. 跳转到下一个关键帧位置，快捷键 K
B. 添加 / 删除关键帧
C. 跳转到上一个关键帧位置，快捷键 J

图 1-25 关键帧导航器

提示

如果时间标记没有对准相应的时间点，可以按住 Page Up 或 Page Down 键移动到准确的时间位置。每按一次会移动 1 帧，如果同时按住 Shift 键则可移动 10 帧。

按住 Shift 键同时按下 S 键和 T 键，显示 Scale 与 Opacity 属性，在 Scale 属性的 0 秒、1 秒、1:15 秒处分别添加 3 个关键帧，在 Opacity 属性的 0 秒、1 秒处添加两个关键帧，完成后如图 1-26 所示。

图 1-26 各属性的关键帧

将当前时间指针定位至 0 秒处，将 Composition 面板中的文字图层移动到面板右上角外面，更改文字的缩放比例和不透明度，参数设置参考图 1-27。

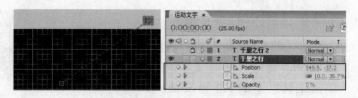

图 1-27 0 秒处动画设置

1 秒处参数如图 1-28 所示。

图 1-28 1 秒处动画设置

将时间指针定位至 1∶15 秒处，向上方移动文字图层，Scale 属性设置为 90.0%，如图 1-29 所示。

拖动当前时间指针在时间标尺的 0~1∶15 秒间移动，可以预览到文字由远及近逐渐放大显示又上移缩小的效果。

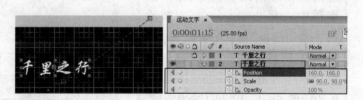

图 1-29 1∶15 秒处动画设置

定位至 1∶15 秒处，单击菜单 Edit → Split Layer 命令以分裂图层，创建"千里之行 3"图层，此时可见时间轨上"千里之行"图层在 1∶15 秒处被分割成两个图层，如图 1-30 所示。

图 1-30 分裂图层

选择"千里之行 3"图层，单击菜单 Layer → Create Outline 命令创建轮廓，这时在 Timeline 面板中会自动生成一个名为"千里之行 3 Outlines"的形状图层；单击"千里之行 2"图层前的 按钮，将图层解锁，选择该图层，按住鼠标左键拖曳至图层堆栈底部，如图 1-31 所示。

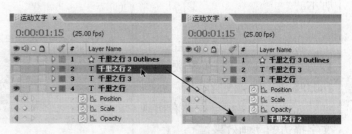

图 1-31 创建轮廓图层，调整图层顺序

展开形状图层"千里之行 3 Outlines"的 Contents（内容）属性，按住 Shift 键选择所有文本轮廓，单击工具栏上的 Fill 和 Stroke 按钮 Fill: ▇ Stroke: □ - px，将填充颜色和描边颜色全部取消，只剩下文字轮廓，如图 1-32 所示。

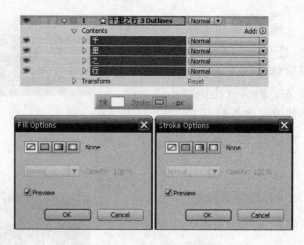

图 1-32　取消填充和描边

选择 Contents 属性，单击右边的三角形按钮 Add: ⊙，在下拉菜单中选择 Stroke 命令，为其添加一个 Stroke（描边）动画属性。展开该属性，将其中的 Color（颜色）设置为橙色（R=255，G=205，B=69），将 Stroke Width（描边宽度）设置为 3.0，如图 1-33 所示。

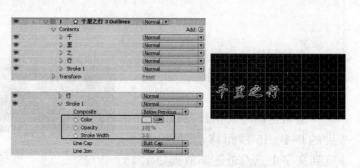

图 1-33　添加描边动画颜色和描边宽度

再次单击 Add: ⊙ 按钮，添加一个 Trim Paths（修剪路径）动画属性。将时间定位在 1：15 秒处，为 End 属性设置关键帧，将参数修改为 0.0%，设置 Trim Multiple Shapes（修剪多条路径）的方式为 Individually（分别），如图 1-34 所示。

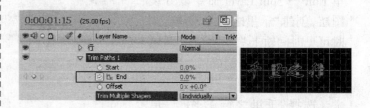

图 1-34　设置 End 属性参数改为 0.0%

将时间指针定位在 2：15 秒处，将 End 属性的参数改为 100.0%，如图 1-35 所示。

如此可以实现自左向右出现文字描边的动画效果。

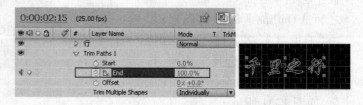

图 1-35　设置 End 属性参数改为 100.0%

单击各图层前的 ▽ 按钮，隐藏其属性。将前 3 个图层锁定，显示第 4 个图层"千里之行 2"，如图 1-36 所示。

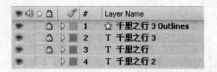

图 1-36 锁定和显示图层

将时间指针定位至 1 秒处，选择图层"千里之行 2"，按 Alt+[组合键将图层入点设置到此处，再将时间定位至 1：15 秒处，按 Alt+] 键将图层出点设置到此处，如图 1-37 所示。这样可以使该图层的内容仅在 1~1：15 秒之间显示。

图 1-37 设置图层出入点

提示

在时间轴上用鼠标拖动图层的入点和出点，可以改变图层的出入点时间。

通过拖曳移动图层的时间轴，可以改变图层在时间线上的位置。

按 P 键显示 Position 属性，按 Shift+T 键显示 Opacity 属性，按 Shift+S 键显示 Scale 属性，在 1 秒和 1：15 秒处分别添加关键帧，设置 1：15 秒处的各个参数如图 1-38 所示，实现文字由上而下变小消失。

隐藏"千里之行 2"图层的所有属性，并且锁定该图层。

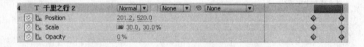

图 1-38 参数设置

提示

按一次 U 键可显示图层的所有关键帧，连续按两次 U 键可显示图层所有更改过的属性，再次按 U 键隐藏所有属性。

在工具栏上选择 Horizontal Type 工具 **T**，在 Composition 面板内输入"始于足下"，文本大小为 100 px，填充色为橙色（R=255，G=205，B=69），描边颜色为白色，宽度 5 px，如图 1-39 所示。

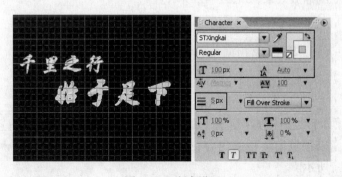

图 1-39 文本设置

将时间定位至 3 秒处,选择
"始于足下"图层,按 Alt+[组合键
设定图层入点。展开图层属性,
单击 Text 属性右侧的 Animate:⊙
按钮,从弹出的下拉菜单中选择
Opacity 命令,将该属性的值设置
为 0%,此时文字变为透明,如图
1-40 所示。

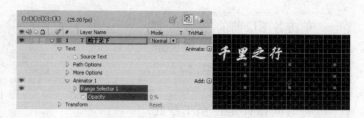

图 1-40 设置 Opacity 属性

展开 Range Selector 1 中的属
性,将时间指针定位到 3 秒处,
单击 Start 属性前的关键帧记录
器,添加一个关键帧,start 属
性设置为 0%,将时间指针定位
至 3:15 秒处,Start 属性设置
为 100%,实现 4 个字从左向右逐
一从透明变为不透明显示,如图
1-41 所示。

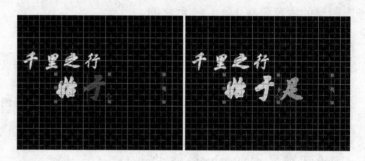

图 1-41 Opacity 动画效果

再次单击 Animator 1 右边的
Add:⊙ 按钮,在下拉菜单中选择
Property 中的 Scale 命令,添加一
个 Scale 属性,将其参数设置为
600.0%,实现与 Opacity 动画同步
的缩放效果,如图 1-42 所示。

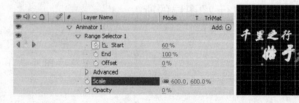

图 1-42 Scale 动画效果

STEP3:预览文字动画

将时间轴上方的工作区结束
点在时间标尺上从 8 秒处拖动到
4 秒处,按数字键盘上的 0 键,可
以预览前 4 秒的内容,如图 1-43
所示。

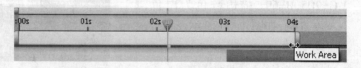

图 1-43 设定工作区结束时间

通过 Time Controls（时间控制）面板可以实现预览。Time Controls 面板如图 1-44 所示。

预览是为了让制作者观察制作效果，以确认是否达到要求。在预览时，可以通过改变播放的帧速率或画面的分辨率来改变预览的质量和预览的速度。AE 提供了多种合成预览的方法，包括标准预览、RAM（内存）预览、手工预览。

标准预览又称为空格键预览。单击 Time Controls 面板中的播放／暂停按钮▶，从当前时间标志点开始播放合成图像至结束点，播放速度比实时播放慢，用于不需要额外内存来显示的简单动画，如文字动画。

RAM 预览方式需要分配足够的内存来播放预览（包括音频），预览速度达到系统允许的最快速度，即合成图像的帧速度。要查看的细节越多、精度越高，所需的内存就越多。单击 Time Controls 面板中的 RAM 预览按钮▶实现 RAM 预览，如图 1-45 所示。

锁定所有图层，保存项目文件。

提示

预览前应该确认合成图像内所有图层都显示（◉已打开）按 Home 键使时间指针回到 0：00 秒处，按空格键停止预览。

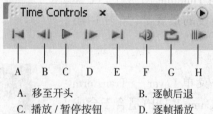

A. 移至开头　　　　B. 逐帧后退
C. 播放／暂停按钮　D. 逐帧播放
E. 移至末尾　　　　F. 音频播放
G. 是否循环播放　　H. RAM 预览

图 1-44　Time Controls 面板

提示

RAM 预览时绿色进度条指示哪些帧被缓存到内存。工作区中所有帧都被缓存到内存后，开始实时播放。可以按空格键中断缓存处理，此时 RAM 预览将仅播放已缓存的帧。

图 1-45　文字动画效果图

任务四 制作背景

STEP1：添加背景图层

将时间轨上方的工作区结束点从4秒处拖动至8秒处。拖动 Project 面板中的"背景"合成图像素材到 Timeline 面板中，放置在图层堆栈的最底部，如图1-46所示。

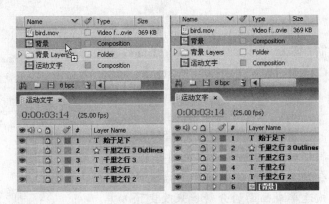

图1-46 添加背景图层

单击菜单 Layer → Transform → Fit To Comp Width（适合于合成图像宽度）命令，调整"背景"图像大小使之适合于 Composition 面板，如图1-47所示。

图1-47 调整背景大小

STEP2：制作文字预置特效

双击 Project 面板中的"背景"合成图像，在 Timeline 面板中打开它，如图1-48所示。

图1-48 "背景"图像的 Timeline 面板

选择 your text 图层，单击菜单 Laye → Convert To Editable Text（转换为可编辑文本）命令，将 PSD 图层转换成可编辑的文本图层。选择该图层，按回车键，将图层名称改为"t"，如图1-49所示。

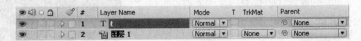

图1-49 转换并重命名图层

选择文字工具 T，将文字内容更改为"运动文字"，文字大小为 50 px，字符间距为 200，如图 1-50 所示。

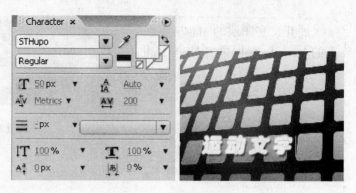

图 1-50 文本设置

将时间指针定位至 3：00 秒处，选择 Effects & Presets（特效和预设）面板，在 Contains 文本框中输入"Bullet Train"，找到预置特效，然后用左键拖动该特效名称到文字上，将其应用到当前文字图层，使该层从 3：00 秒处起出现特效，3：00 秒之前为隐藏状态，如图 1-51 所示。

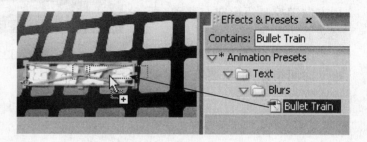

图 1-51 应用特效

按数字键盘上的 0 键预览效果，如图 1-52 所示。

图 1-52 动画预览效果

STEP3：添加文字遮罩

将时间指针定位至 6：00 秒处，选择工具栏上的矩形工具，在文字上方画一个高度、宽度都稍大于文字的矩形，添加一个遮罩，此过程中可以看见文字随矩形范围的增大而显示完全，此时，发现图层"t"的 Masks 属性下增加了 Mask 1 属性，如图 1-53 所示。

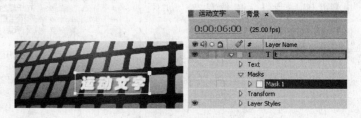

图 1-53 添加文字遮罩

展开文字图层的 Masks 属性下的 Mask 1 属性，单击 Mask Path 属性前的关键帧记录器，添加关键帧，如图 1-54 所示。

图 1-54 Mask Path 关键帧

将时间指针定位至 7：00 秒处，使用选择工具 选择该矩形，用方向键控制矩形向左移动，直至文字消失，如图 1-55 所示。

在 6：00 秒~7：00 秒之间拖动时间指针，手工浏览文字的遮罩效果。

图 1-55 文字显示与消失

遮罩（Mask）在 AE 中其实就是一个封闭的路径区域，用于控制图层的透明区域和不透明区域，轮廓之内显示图层内容，而轮廓之外遮蔽图层内容。以上创建的矩形遮罩是属于文字图层"t"的 Masks 属性，只对该图层有效。

提示

Mask 包含 4 个属性：Mask Path（遮罩路径）、Mask Feather（遮罩羽化）、Mask Opacity（遮罩不透明度）、Mask Expansion（遮罩扩展）。选择包含遮罩的图层，连续按两次 M 键，可以展开遮罩的所有属性。

在 Timeline 面板上单击"运动文字"选项卡，显示该合成。将 Project 面板中的"bird.mov"素材拖动到图层堆栈中，放置在"背景"图层之上，调整位置，如图 1-56 所示。

图 1-56 添加 bird.mov 素材

任务五 制作文字退场效果

STEP1：浏览预设动画

单击菜单 Animation→Browse Presets（浏览预设）命令，Adobe Bridge 软件将显示 Presets 文件夹中的内容，如图 1-57 所示。

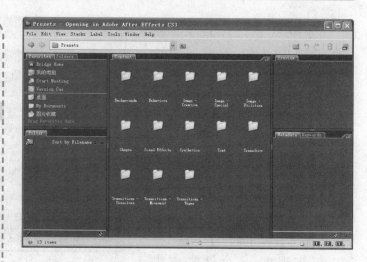

图 1-57 用 Adobe Bridge 显示 Presets 文件夹中的内容

在 Content（内容）面板中双击 Text 文件夹，再双击 Blurs 文件夹，打开文字类别中的模糊特效，如图 1-58 所示。

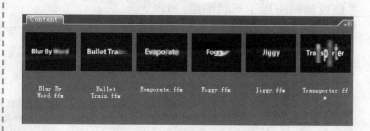

图 1-58 打开 Blurs 文件夹

选择一个特效，便可以在右边的 Preview（预览）面板中预览效果，如图 1-59 所示。

STEP2：应用预设动画

在任务栏上单击 After Effects 窗口按钮，回到 After Effects 程序，选择文字图层"始于足下"，单击 按钮，解除图层锁定。将时间指针定义至 4∶20 秒处。在 Adobe Bridge 窗口中双击 Evaporate.ffx（蒸发）特效，将其应用到"始于足下"文字图层。手工拖动时间指针进行预览，可以看到文字模糊变大后消失，效果如图 1-60 所示。

图 1-59 预览特效

图 1-60 文字的"蒸发"特效

选择"千里之行 3"文字图层，单击■按钮，解除图层锁定。将当前时间定义至5：20秒处。在 Adobe Bridge 窗口中双击 Evaporate.ffx 特效，将其应用到该文字图层，效果同上。

将时间指针定位至6：10秒处，选择"千里之行 3 Outlines"形状图层，单击■按钮，解除图层锁定。在 Adobe Bridge 窗口中单击工具栏上的"上一级"按钮■，回到 Presets 文件夹，双击 Transitions-Dissolves 文件夹，再双击 Dissolve-vapor.ffx 效果，将该预设动画应用于形状图层，如图 1–61 所示。

退出 Adobe Bridge 程序。

图 1–61　Dissolve-vapor.ffx 效果

提示

Text 文件夹中的特效只对文字图层有效，其他图层无法应用。

普通图层可以应用其他类型的特效。

此时浏览动画，会发现文字轮廓是从无到有，需要把动画过程反转过来。选择"千里之行 3 Outlines"形状图层，按 U 键显示各属性关键帧，单击 Transition Completion 属性，如图 1–62 所示。

图 1–62　选择关键帧

单击菜单 Animation → Keyframe Assistant（关键帧助理）→ Time-Reverse Keyframes（反转关键帧）命令，对调两个关键帧的顺序，预览效果如图 1–63 所示。

图 1–63　文字预览效果

任务六 渲染输出

STEP1：添加渲染队列

当合成图像制作完成以后，最后的步骤就是渲染。

渲染是合成图像制作的最后一道工序，将素材融合到影片中并压缩成为影片最终格式。

选择 Project 面板中的"运动文字"合成图像，选择菜单 Composition → Add to Render Queue（添加到渲染队列）命令，系统自动打开 Render Queue 面板。

在该面板中选择 Maximize Frame（画面最大化），使面板充满应用程序窗口，可以看到队列中已经添加了合成图像，如图 1-64 所示。

STEP2：设置渲染参数

单击队列"运动文字"旁的三角形，展开渲染选项，如图 1-65 所示。默认情况下：Render Settings 属性值为 Best Settings（最佳设置），Output Module 属性值为 Lossless（无损压缩），完全符合渲染要求。单击蓝色下划线文字，弹出 Output Module Settings 对话框，可从中选择渲染输出格式，如图 1-66 所示。

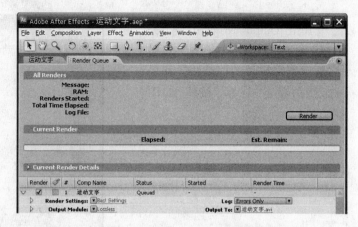

图 1-64　Render Queue 面板

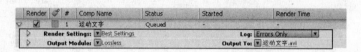

图 1-65　Render 参数

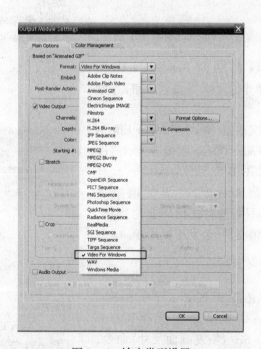

图 1-66　输出类型设置

提示

Video For Windows 格式所渲染的影片文件是可以用 Windows 操作系统自带的媒体播放器播放的视频文件，输出文件采用无损压缩，播放的品质高，但是文件比较大。

单击 Output To(输出到)旁的蓝色下划线文字,在弹出的对话框中选择影片的存储路径和名称,然后单击"保存"按钮,如图1-67 所示。

图 1-67　输出影片设置

保存文件时,文件保存类型由输出的格式所决定,比如上面选择了"Video For Windows"选项,则输出格式只能是AVI。

STEP3:渲染输出

现在回到 Render Queue 面板,单击按钮,开始渲染。

文件渲染期间,After Effects 在 Render Queue 面板中显示进度条,如图1-68 所示。

当 After Effects 开始渲染项目时不能进行任何的其他操作,完成渲染后,会发出提示音。

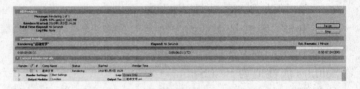

图 1-68　渲染

渲染完成以后,在 Render Queue 面板菜单中选择 Restore Frame Size(恢复画面尺寸)命令,恢复工作区。

提示

After Effects 提供了多种渲染输出格式,如符合播出质量的 AVI 格式,通过 QuickTime 播放器播放的 MOV 格式,用于网页浏览的 Flash 影片文件 SWF 格式等,用户可以根据实际需要选择。

小结与训练

小结

通过本项目的制作,熟悉 After Effects 的基本界面,了解特效制作的基本工作流程,掌握文字的基本运动特效。掌握文字的预设特效和关键帧的缩放、位置移动、旋转等叠加使用的基本技能。初学者在刚开始制作动画时往往只关注文字动画效果本身,而忽略了整体的安排,希望能在动画设计时合理运用和组合各种属性的变化,控制好特效展示的节奏。

思考题

1. 制作运动文字特效主要包括哪几个步骤?
2. 文字图层与其他类型的图层有何区别?
3. 对文字图层应用预设动画特效的方法有哪些?

训练题

1. 参考素材光盘中项目一训练文件夹中的"练习 1"成品文件,完成一个运动文字的作品。
2. 参考素材光盘中项目一训练文件夹中的"练习 2"成品文件,完成一个特效文字的作品。
3. 以项目一素材文件夹中提供的素材文件和训练题 1、2 完成的文件为基础,参考素材光盘中项目一训练文件夹中的"练习 3"成品文件,完成"练习 3"。

项目二 "我青春,我能行"
——路径文字特效

运动文字特效通过改变文字的起始位置使文字发生直线的位移变化。这样单一的移动效果显然不能满足多变的动画需求。如果可以使文字按照不同的轨迹运动,影片将会更加活泼,富有动感。

通过本项目的制作,将学到很多路径文字特效的制作技巧。学会应用与修改系统预设的路径动画;学会通过 Effect 菜单下 Text 子菜单中的 Path Text 命令创建、制作贝赛尔曲线、直线、圆、环路等不同类型的路径文字特效;学会根据需要绘制特殊路径,应用到指定文字层,实现自由路径特效;理解滤镜的概念;学会滤镜应用和参数设置。同时,将掌握合成嵌套、钢笔工具的使用,制作转场特效,设置关键帧缓入缓出特效等操作技能。

效果截图

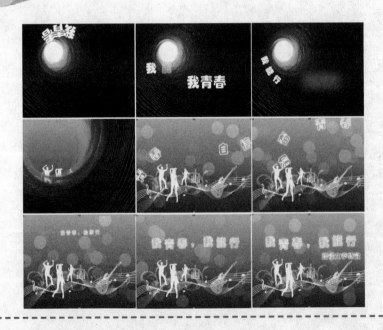

任务一　新建项目

STEP1:创建、保存项目

启动 After Effects CS3, 在启动过程中按 Ctrl+Alt+Shift 键恢复默认参数设置。

After Effects 在启动后自动创建一个空的、无标题项目,直接选择菜单 File → Save As 命令保存项目,设置如图 2-1 所示。

图 2-1　保存项目

STEP2:导入素材

单击菜单 File → Import → File 命令,在弹出的对话框中选择附带光盘中"项目二素材"文件夹中的"背景 1.jpg"、"背景 2.jpg"和"光斑 .mov"三个文件,在 Import As 下拉列表框中选择默认的 Footage 选项,如图 2-2 所示。

图 2-2　导入素材

由于导入的 .mov 视频文件包含了一个无标记的 Alpha 通道,需要用户选择设置,如图 2-3 所示。

此时在 Project 面板中显示导入的素材。选择其中一个素材项,将看到上方显示的素材缩略图。

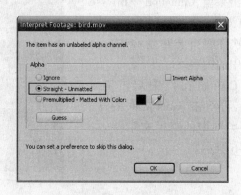

图 2-3　MOV 素材导入设置

任务二 设计入场特效

STEP1:创建合成和背景层

单击菜单 Composition → New Composition(新建合成图像)命令,在弹出对话框中进行参数设置。合成图像名为"入场",大小为 600×480 像素,选择 D1/DV PAL (1.07),时间长度为 5 秒,其他参数取默认值,如图 2-4 所示。

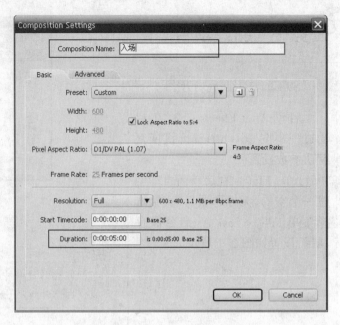

图 2-4　创建合成图像"入场"

此时,"入场"合成图像出现在 Project 面板和 Composition 面板中。

拖动 Project 面板中的"背景 1.jpg"图像素材到 Timeline 面板中,创建一个新图层。选择该图层,按回车键,图层名称更改为"背景 1",如图 2-5 所示。

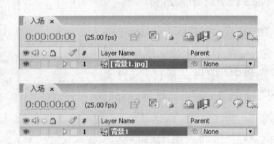

图 2-5　背景层更名前后比较

STEP2:使用预设路径文字特效

单击菜单 Animation→Browse Presets(浏览预设)命令,Adobe Bridge 软件将打开并显示 Presets 文件夹中的内容。

在 Content 窗口中双击 Text 文件夹,再双击 Paths 文件夹,打开文字类别中的路径文字特效,如图 2-6 所示。

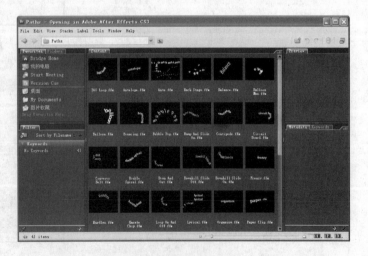

图 2-6　路径文字特效

双击第一个特效文件"360 Loop.ffx",系统自动切换回 After Effects 窗口,并且将特效添加在当前合成图像"入场"中,此时 Timeline 面板图层堆栈中添加了新图层,如图 2-7 所示。

按空格键预览动画效果。可以发现文字内容和运动路径位置不符合要求,需要进行修改。

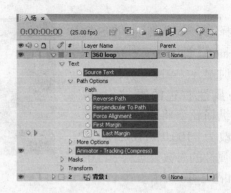

图 2-7 添加预设路径文字特效

提示

选择已有文字图层,然后在 Adobe Bridge 软件中双击路径类别预设特效,会将该特效应用于此文字层,文字层原来的内容将被替换成预设特效中的内容。如果在 After Effects 中不选任何图层,直接在 Adobe Bridge 软件中双击一个特效,则将在 After Effects 中创建一个新的包含该特效的图层。

STEP3:修改预设特效

单击 Composition 面板底部的当前时间 0:00:00:00 ,在弹出对话框中输入"200",将时间指针精确定位到 2 秒处,这样可以在 Composition 面板预览到文字。

在工具栏上选择横排文字工具 T,选中已有文字,然后更改文字内容,如图 2-8 所示。

图 2-8 更改文字

选中更改后的文字,在 Character 面板中,将字符填充色设置为白色,其他参数如图 2-9 所示。

选择工具栏上的钢笔工具,Composition 面板中会出现一条黄色的路径。通过调整背景图层,使路径的弧形与高亮点吻合。

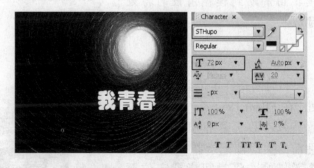

图 2-9 设置字符格式

提示

双击文字图层名称,可以进入文字编辑状态,修改字符格式和文字内容。

选择"背景1"图层,按S键显示 Scale 属性,再按 Shift+P 组合键同时显示 Position 属性。单击 Scale 属性右边的▣按钮,取消锁定纵横比。将 Scale 属性的参数修改为 −100.0%,100.0%;将 Position 属性的参数设置为 300.0,270.0,如图 2-10 所示。

图 2-10 调整背景层

选择"我青春"文字图层,单击菜单 Effecct → Blur & Sharpen → Fast Blur 命令,在文字图层上应用快速模糊滤镜。在 Effect Controls 面板显示该特效参数,如图 2-11 所示。

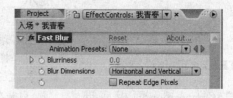

图 2-11 EffectControls 面板

滤镜是用来实现动画的各种特殊效果的命令,包括软件自带滤镜和其他公司提供的第三方滤镜。

Fast Blur 是快速模糊滤镜,用于设置图像的模糊程度,可以模拟由清晰到模糊消散的特效过程。

提示

Fast Blur 在大面积应用的时候速度快。各参数的作用如下:

- Blurriness 用于设置模糊程度。
- Blur Dimensions 用于设置模糊方向,可以选择 Horizontal and Vertical,同时向两个方向模糊,其中 Horizontal 表示水平方向,Vertical 表示垂直方向。

将时间指针定位至 3:10 秒处,在 Effect Controls 面板中设置特效参数。单击 Blurriness 属性前的关键帧记录器🕐,添加一个关键帧。将时间指针定位至 4:10 秒处,更改 Blurriness 属性的参数为 200.0,对比效果如图 2-12 所示。

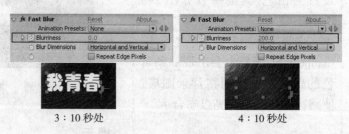

3:10 秒处　　　　　　　4:10 秒处

图 2-12 Fast Blur 特效

选择"我青春"文字图层，按两次 U 键，显示所有包含关键帧的属性。这时会发现 Last Margin 属性的关键帧有些特别，这是因为设置了关键帧过渡特效，如图 2-13 所示。方法是选中关键帧，在右键快捷菜单中选择 Keyframe Assistant（关键帧助理）下级菜单中的命令，如图 2-14 所示。

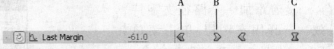

A. Easy Ease In　　（淡入）
B. Easy Ease Out　　（淡出）
C. Easy Ease　　　（淡入淡出）

图 2-13　关键帧特效介绍

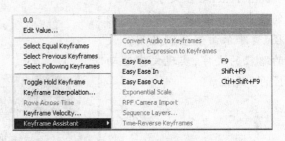

图 2-14　设置关键帧特效

STEP4：应用路径文字特效

路径文字特效的应用需要一个载体，首先应该创建一个固态图层。单击菜单 Layer → New → Solid 命令，新建一个黑色固态图层。图层名称是"我能行"，大小与合成图像相同，如图 2-15 所示。

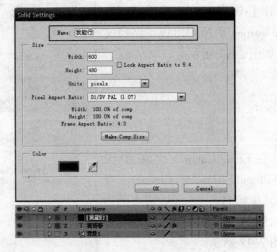

图 2-15　创建固态图层

固态图层是 After Effects 图层中的一种。在 After Effects 中可以创建任何颜色的固态图层，最大尺寸可达到 30 000×30 000 像素。和其他素材图层一样，可以在它上面制作遮罩（Mask）、修改图层的 Transform（变换）属性，也可以对它应用滤镜。

> **提示**
> 通过单击菜单 File → Import → Solid 命令可创建固态图层，但只能显示在 Project 面板中，作为素材使用。
> 通过 Layer → New → Solid 命令创建的固态图层除了显示在 Project 面板的 Solid 文件夹中外，还会自动放置在当前合成图像的 Timeline 面板的首层位置。

接着添加一个路径文字特效。选择固态图层,单击菜单Effect → Text → Path Text命令,在弹出的对话框中输入文字内容,设置字体属性,如图2-16所示。

图2-16 创建路径文字特效

Path Text(路径文字)命令可以创建直线路径、圆形路径、环形路径、贝赛尔曲线型以及用户设计的路径的文字,实现文字运动路径的多元化。

在Effect Controls面板中显示了该特效的所有参数,Composition面板中出现了路径文字,如图2-17所示。

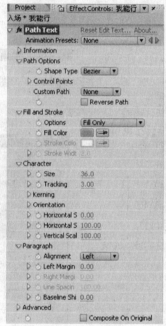

图2-17 路径文字

在Effect Controls面板中设置Fill and Stroke 和Character 参数,其中填充色为白色,描边色为(R=130,G=154,B=255),其他设置如图2-18所示。

STEP5:绘制路径

在"我能行"图层上绘制一条路径,实现文字先从左往右水平移动,然后向左下方直线移动,接着按逆时针的螺旋路径延伸至高亮的远方。

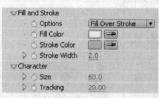

图2-18 文字样式

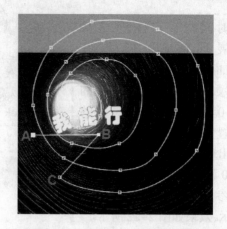

图 2-19 使用钢笔工具绘制路径

具体路径解析如图 2-19 所示,由 A 点起水平向右至 B,折回到 C,然后螺旋收缩。

绘制的方法:使用钢笔工具 ✎ 在 A 点单击,绘制第一个顶点;在 B 点继续单击,确定第二个顶点;在 C 点创建第三个顶点。

提示

控制手柄的两个端点引出的直线与两顶点之间的圆弧线段是相切的。分别调整端点位置可以改变曲线的曲率。

再次单击,创建第四个顶点,此时按住左键拖曳鼠标可以改变顶点控制手柄的方向和长度,绘制出曲线,如图 2-20 所示。

图 2-20 改变控制手柄

使用钢笔类工具中的转换工具 ⌐ 可以逐个调整顶点的控制手柄,而使用选择工具 ▲ 可以调整各顶点的位置。

提示

在创建顶点时,在还没松开鼠标之前如果想改变顶点位置,可以按住鼠标左键不放,同时按住空格键,这时拖曳鼠标可以改变顶点位置。

在拖曳顶点控制手柄的时候按住 Shift 键,可以使方向保持在 45° 角的整数倍上。如果按下 Alt 键拖曳顶点控制手柄,则可以只改变控制手柄出点的方向。

STEP6:设置特效过程

我们的目标是使文字按照绘制的路径运动,先在 A、B 点逐个显示,然后沿螺旋线旋转消失在高亮的远方。

在 Custom Path 下拉列表框中选择 Mask1,即刚才绘制的路径,可以看到文字自动对齐到了该路径的开始位置,如图 2-21 所示。

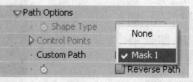

图 2-21 启用自定义路径

将时间指针定位至 2∶10 秒处,展开 Advanced 属性,在 Visible Characters 属性上添加关键帧,参数改为 0,使显示文字的个数为 0。将 Fade Time 属性的参数设置为 100.0%,使得文字逐渐柔和出现。再将时间指针定位至 3∶00 秒处,Visible Characters 属性的参数更改为 3.00,使文字全部显示,效果如图 2-22 所示。

拖动时间指针,手动预览动画效果,如图 2-23 所示。

在 3∶00 秒处,Horizontal Scale(水平缩放)、Vertical Scale(垂直缩放)、Left Margin(左边界)属性均添加关键帧,参数设置如图 2-24 所示。

将时间指针定位至 4∶24 秒处,更改前面三个属性的参数,使文字缩小到原来的 30%,位置处于最后一个顶点,如图 2-25 所示。

由于文字逐渐远去消失,因此不透明度也应该有所变化。选择该图层,按 T 键显示 Opacity 属性,在 4∶00 秒和 4∶24 秒处各添加一个关键帧,将 4∶24 秒处的参数改为 20%,使得文字淡化。

提示

在文字图层里创建一个 Mask,那么就可以利用这个 Mask 作为一个文字路径。作为路径的 Mask 可以是封闭的也可以是开放的,但如果使用闭合的 Mask 作为路径,必须设置 Mask 的模式为 None。

2∶10 秒处   3∶00 秒处

图 2-22 设置文字显示动画

图 2-23 动画效果

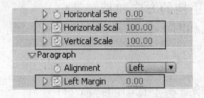

图 2-24 3∶00 秒处的关键帧及参数

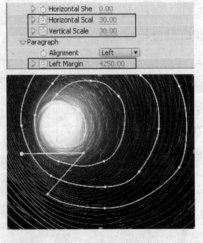

图 2-25 4∶24 秒处的关键帧及参数

按两次 U 键,显示该图层的所有关键帧,设置各关键帧的淡入淡出效果,使得动画更流畅,如图 2-26 所示。

图 2-26 设置淡入淡出

提示

时间关键帧的默认类型为线性方式,图标显示为菱形,它表示关键帧之间是一种匀速变化的表现状态。

一般起始关键帧设置为淡入,入点使用缓入,接着线性变化,终点的关键帧设置为淡出,入点线性,接着使用缓出。

至此,"入场"效果制作完毕,保存文件,单击 Time Controls 面板中的 RAM Preview ▶按钮实现 RAM 预览,效果如图 2-27 所示。

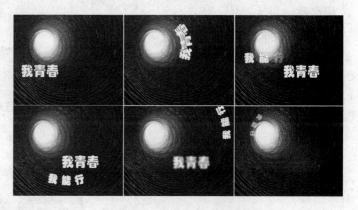

图 2-27 "入场"动画效果

任务三 制作转场特效

STEP1:创建新合成

两个动画片段之间的过渡应尽可能自然,这时就需要通过添加转场特效来实现。

转场是段落与段落、场景与场景之间的过渡或转换。

单击菜单 Composition → New Composition 命令,在弹出的对话框中将合成图像命名为"转场",时间长度为 2 秒,其他参数取默认值。此时 Timeline 面板出现新建的合成图像,如图 2-28 所示。

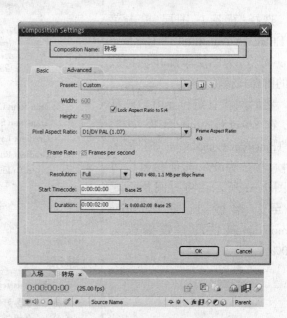

图 2-28 新建合成图像

STEP2:添加转场特效

首先需要创建两个不同背景素材的图层。因为"入场"合成图像中的背景已经进行修改,为了保证能够与其一致,可以直接复制并粘贴。选择"入场"合成图像中的"背景 1"图层,按 Ctrl+C 组合键复制,选择"转场"合成图像,按 Ctrl+V 组合键粘贴,结果如图 2-29 所示,按回车键修改图层名称。

图 2-29 复制图层

提示

复制得到的图层继承了原图层的一切属性,包括特效属性,对于具有相同特征、只是个别参数有区别的图层,使用复制命令更便捷。

将 Project 面板中的"背景 2.jpg"图像素材拖曳到 Timeline 面板中图层堆栈的最下方,创建一个新图层。选择该图层,按回车键,更改图层名称为"背景 2",如图 2-30 所示。

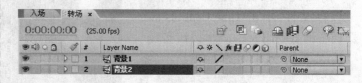

图 2-30 创建图层

选择"背景 1"图层,单击菜单 Effect → Transition → Gradient Wipe 命令,为图层添加转场特效中的阶梯式擦除特效。

将时间指针定位至 0:00 秒处,在 Effect Controls 面板中添加 Transition Completion 属性关键帧,参数为 0%,其他参数设置如图 2-31 所示。将时间指针定位至 1:24 秒处,将 Transition Completion 属性的参数修改为 100%。

Transition Completion:过渡幅度
Transition Softness:过渡柔和度
Gradient Layer:梯度图层
Gradient Placement:梯度安置方式
Invert Gradient:反转梯度

图 2-31 Gradient Wipe 属性参数

提示

After Effects 提供的转场特效滤镜有多种,用户可以根据自己的喜好进行选择,相关命令在 Effect 菜单的 Transition 子菜单中可以找到。

选择"背景 1"图层,按 A 键,显示 Anchor Point 属性,选择工具栏中的轴心点工具 ,移动图像中的轴心点,可看到 Anchor Point 属性的参数发生改变,如图 2-32 所示。

图 2-32 轴心点设置

提示

> 对象的轴心点的坐标表示为(X,Y),向左水平移动时 X 参数值减少,向右则增大;向上方垂直移动时 Y 参数值减小,向下则增大。

按 Shift+S 键显示缩放和旋转属性。在 0:00 秒处和 1:24 秒处各添加一个关键帧,参数设置如图 2-33 所示,使得图像在擦拭转场过程中旋转放大。

图 2-33 旋转放大图像

当"背景 1"被擦除、"背景 2"显示时,发现"背景 2"图像小于 Composition 面板的大小,需要调整。

选择"背景 2"图层,单击菜单 Layer → Transform → Fit To Comp Width(适合于合成图像宽度)命令,调整背景图像大小使之适合于 Composition 面板。

提示

> Rotation(旋转)属性由圈数和角度组成,当参数值为负数时表示逆时针旋转。

单击 Time Controls 面板中的播放 / 暂停按钮 ▶,观看动画效果,如图 2-34 所示。

转场特效制作完毕,单击 File → Save 命令,保存文件。

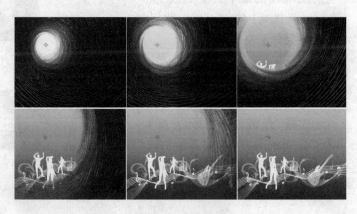

图 2-34 效果截图

任务四 制作正文特效

STEP1：创建新合成图像

单击菜单 Composition → New Composition 命令，在弹出对话框中将合成图像命名为"主场"，时间长度为 8 秒，其他参数取默认值。

在 Project 面板中按住 Ctrl 键选择"背景 2.jpg"图像素材和"光斑.mov"视频素材，拖曳到 Timeline 面板中，创建两个新图层。

保持两图层都处于被选中的状态，单击菜单 Layer → Transform → Fit To Comp Width 命令，调整背景图像大小适合于 Composition 面板，如图 2-35 所示。

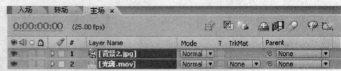

图 2-35 调整图层大小

提示

选择素材的时候，应该考虑在 Project 面板中对素材的选择顺序将会影响素材在 Timeline 面板中的排列顺序，这样就不用在 Timeline 面板中重新调整图层顺序了。

在 Timeline 面板中空白处单击，取消选择，拖曳"背景 2.jpg"至图层堆栈的最下方。更改"光斑.mov"图层的 Mode 属性为 Add，效果如图 2-36 所示。

图 2-36 Mode 属性设置为 Add

选择"光斑.mov"图层，按 T 键显示 Opacity 属性，将其值更改为 20%，使光斑效果变得柔和，如图 2-37 所示。

图 2-37 设置光斑的不透明度

STEP2：增加路径文字

单击菜单 Layer → New → Solid 命令，新建一个黑色固态图层，图层名称为"活力"，其他参数取默认值，如图 2-38 所示。

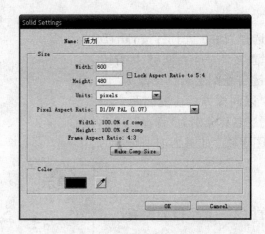

图 2-38 新建固态图层

选择固态图层，单击菜单 Effect → Text → Path Text 命令，在弹出的对话框中输入文字内容，设置字体，添加一个路径文字特效，如图 2-39 所示。

在 Effect Controls 面板中将路径文字的 Fill and Stroke 属性中的 Options（选项）设置为 Stroke Only（只描边），Stroke Color（描边颜色）为白色，Stroke Width（描边宽度）为 3.0；Character 属性中的 Size（大小）为 60.0，Tracking（字符间距）为 75.00，如图 2-40 所示。

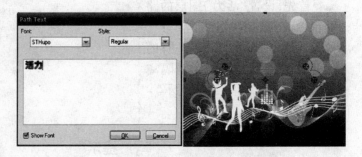

图 2-39 创建路径文字

单击菜单 Effect → Stylize → Glow 命令，为图层添加一个发光特效，使用默认参数。此时 Composition 面板中的文字产生了外发光的效果。

Glow 滤镜通过寻找画面中较亮的像素，让其及周边的一些像素变得更亮，从而模拟一种散射的光晕效果。这种效果也可基于 Alpha 通道，效果是在物体边缘产生一个明亮的光环。

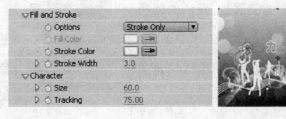

图 2-40 文字参数设置

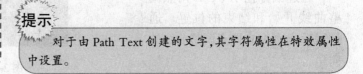

提示

对于由 Path Text 创建的文字，其字符属性在特效属性中设置。

选择"活力"图层,按 Ctrl+D 组合键,复制一个新图层,接着按回车键将新图层名称更改为"自信"。以同样方式再复制两个图层,图层名称分别为"青春"、"勤奋",图层顺序如图 2-41 所示。

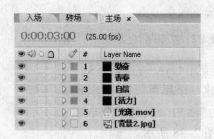

图 2-41　复制、排列图层

提示

合成图像中的图层按顺序自动编号。在默认情况下,图层编号显示在靠近图层名称的左侧,这些编号显示出图层在合成图像中的叠放顺序,当叠放顺序发生改变时,编号也自动发生变化。

STEP3:设置路径文字特效

因为复制图层的内容相同,所以在 Composition 面板中发现文字重叠,无法区分图层。

首先,设置"活力"图层的路径特效。单击第 4 层("活力")和第 6 层("背景 2")图层前的 Solo 开关，将这两层单独隔离出来进行制作,如图 2-42 所示。

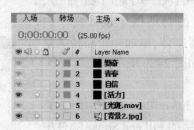

图 2-42　设置 Solo 开关

提示

Soloing(独奏)把一层或多层隔离出来进行动画制作、预览或渲染,它将其他所有同类图层与 Composition 面板隔离开。它对提高刷新、预览和渲染最终输出的速度很有效。

在 Effect Controls 面板中展开 Path Text 滤镜属性,默认的路径类型是 Bezier(贝赛尔曲线),如图 2-43 所示。

贝塞尔曲线是应用于二维图形应用程序的数学曲线。

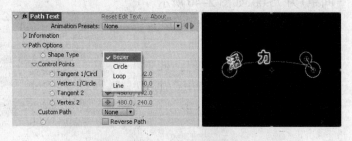

图 2-43　贝赛尔路径

贝赛尔曲线如图 2-44 所示。

通过鼠标拖动 B、D 两点调整曲线开始和结束的位置。通过鼠标拖动 A、C 两点调整曲线的曲率。

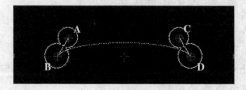

图 2-44　贝赛尔曲线介绍

使用工具栏上的选择工具，拖动轴心点，调整 Composition 面板中的贝赛尔路径，形状与位置参考图 2-45。

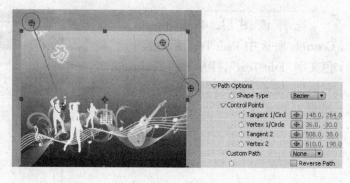

图 2-45 设置曲线

确定好运动路径以后，需要设置文字的动画效果。

将时间指针定位至 0：00 秒处，展开 Character 属性，选择左对齐方式，添加 Lfet Margin（左边界）属性关键帧，鼠标在 Left Margin 参数上方向右拖曳，控制文字移至图像右侧以外。

将时间指针定位至 2：00 秒处，向左拖曳 Left Margin 参数，控制文字移动至图像左上角外，如图 2-46 所示。

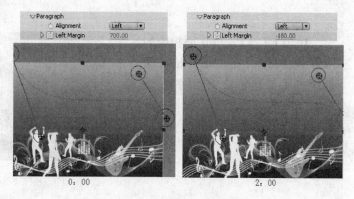

图 2-46 设置左边界位置

拖动时间指针，手动预览动画，可见文字从右侧沿路径移动到左上侧，效果如图 2-47 所示。

图 2-47 动画效果图

关闭第 4 层（"活力"）的 Solo 开关，打开第 3 层（"自信"）的 Solo 开关，如图 2-48 所示，开始编辑"自信"图层的路径文字动画。

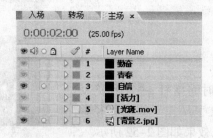

图 2-48 更改 Solo 开关

选择该图层,单击 Effect Controls 面板中 Path Text 旁的蓝色文字"Edit Text",打开 Path Text 对话框,将文字内容改为"自信",如图 2-49 所示。

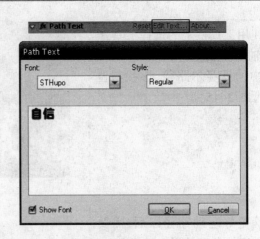

图 2-49 编辑文字内容

单击 Effect Controls 面板中的 Path Text 特效,在 Composition 面板中调整贝赛尔曲线的路径,效果如图 2-50 所示。

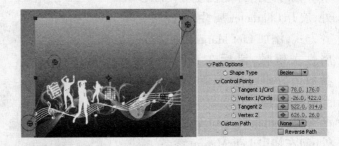

图 2-50 调整路径

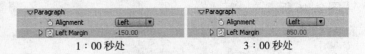

1:00 秒处　　　　　　3:00 秒处

图 2-51 设置左边界位置

将时间指针定位至 1:00 秒处,展开 Character 属性,选择左对齐方式,添加 Left Margin 属性关键帧,鼠标在 Left Margin 参数上方向左拖曳,控制文字移动至图像左下角外。

将时间指针定位至 3:00 秒处,向右拖曳 Left Margin 参数,控制文字移动至图像右侧以外,参数如图 2-51 所示。

提示

通过在参数上左右拖曳鼠标更改数值是十分直观的方式,但值得注意的是,在拖动过程中也应该注意文字位置,使得文字既能离开画面,又不会离左侧边界太远。两个关键帧之间的时间和距离左侧边界的参数差构成了文字曲线运动的速度。

拖动时间指针,手动预览动画,可见文字从左下侧沿路径移动到右侧,效果如图 2-52 所示。

图 2-52 动画效果图

关闭第 3 层("自信")的 Solo 开关,打开第 2 层("青春")的 Solo 开关,开始编辑"青春"图层的路径文字动画。

选择该图层,单击 Effect Controls 面板中 Path Text 旁的蓝色文字"Edit Text",打开 Path Text 对话框,将文字内容改为"青春"。Composition 面板中的效果如图 2-53 所示。

图 2-53　更改文本内容

展开 Path Options,选择路径类型为 Circle(圆形),此时 Composition 面板中的路径发生改变,如图 2-54 所示。

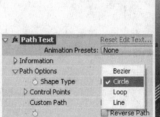

图 2-54　更改路径类型

Circle 路径如图 2-55 所示。

通过拖动 A 点可调整圆心位置,通过拖动 B 点可调整圆的半径大小,文字围绕圆周运动。

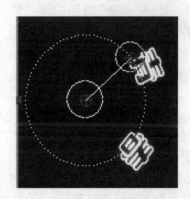

图 2-55　Circle 路径

使用工具栏上的选择工具拖动轴心点调整 Composition 面板中的圆形路径,圆心位于图像右下方,切点位于图像左上方,如图 2-56 所示。

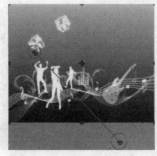

图 2-56　设置路径

将时间指针定位至 2：00 秒处,展开 Character 属性,选择左对齐方式,添加 Left Margin 属性关键帧,鼠标在 Left Margin 参数上方向左拖曳,控制文字移动至图像左下角外。

将时间指针定位至 3：15 秒处,向右拖曳 Left Margin 参数,控制文字移动至图像右上角外,参数参考图 2-57。

| 2：00 秒处 | 3：15 秒处 |

图 2-57 设置左边界位置

图 2-58 动画效果图

拖动时间指针,手动预览动画,可见文字从左下角进入,沿路径移动到右上角消失,效果如图 2-58 所示。

关闭第 2 层("自信")的 Solo 开关,打开第 1 层("勤奋")的 Solo 开关。选择"勤奋"图层,单击"Edit Text",将文字内容改为"勤奋"。

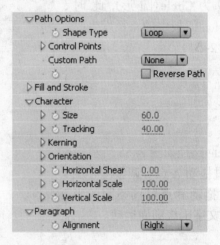

图 2-59 修改参数

展开 Path Options 属性,选择路径类型为 Loop(循环);展开 Character 属性,Tracking 属性设置为 40;展开 Paragraph 属性,将 Alignment 设置为 Right(右对齐),如图 2-59 所示。

在 Composition 面板中调整路径位置和大小,如图 2-60 所示。

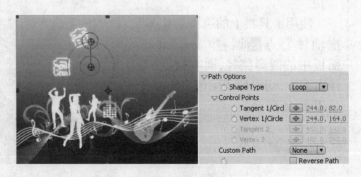

图 2-60 设置路径

将时间指针定位至3∶00秒处,展开 Character 属性,添加 Right Margin(右边界)属性关键帧,参数设置为0.00;展开 Advanced 属性,在 Visible Characters 属性上添加关键帧,参数设置为0.00,使显示文字个数为0。

将时间指针定位至3∶02秒处,将 Visible Characters 属性值改为2.00。

将当前时间定位至4∶10,向左拖曳 Right Margin 参数,控制文字完成一周圆周运动后沿切点的切线方向移出图像左上角,如图2-61所示。

关闭所有的 Solo 开关,使所有图层都显示,按 Ctrl+S 组合键保存文件。

单击 Time Controls 面板中的 RAM 预览按钮 ▶ 实现 RAM 预览,效果如图2-62所示。

STEP4:制作标题动画

单击菜单 Layer → New → Solid 命令,新建一个黑色固态图层。图层名称是"我青春,我能行",其他参数取默认值。

> **提示**
>
> 为了使文字不是突然的出现,可以使用 Advanced 属性的 Visible Characters 参数设计文字逐个显示,使得动画效果不那么的突兀。

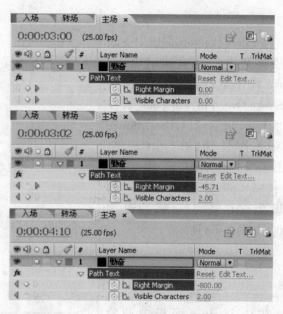

图2-61 关键帧设置

图2-62 动画效果图

> **提示**
>
> Circle 路径是控制文字始终按圆周方式运动,切线与顶点始终保持垂直,而 Loop 路径可以让文字按照切线与顶点不同角度产生的曲线路径进行运动。

选择固态层,单击菜单 Effect → Text → Path Text 命令,在弹出的对话框中输入文字内容,设置 Font 属性,添加一个路径文字特效,如图 2-63 所示。

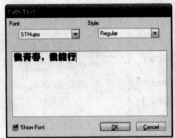

图 2-63 添加路径文字特效

在 Effect Controls 面板中更改路径类型为 Line(直线);Fill and Stroke 属性中的 Options 属性设为 Stroke Over Fill,Fill Color 属性设为(R=146,G=214,B=0),Stroke Color 属性设为(R=246,G=255,B=220),Stroke Width 属性设为2.0;Character 属性中的 Size 属性设为 60.0,Tracking 属性设为15.00,如图 2-64 所示。

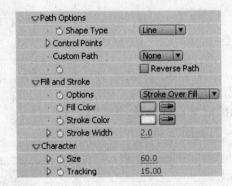

图 2-64 参数设置

在 Composition 面板中调整路径位置,效果如图 2-65 所示。

单击菜单 Effect → Stylize → Glow 命令,为图层添加一个发光特效,使用默认参数。

图 2-65 调整路径位置

接着需要实现文字由远及近逐渐放大的效果。

选择该图层,按 P 键,再按 Shift+S 键显示位置和缩放属性。

将时间指针定位至 6:00 秒处,为上述属性添加关键帧,如图 2-66 所示。

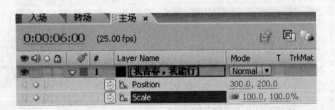

图 2-66 添加关键帧

将时间指针定位至 4∶10 秒处，因为标题在此之前不出现，因此按 Alt+[组合键将图层入点定位在此处。

在 Composition 面板中调整文字的位置，按住 Shift 键同时向上方拖动文字至合适位置，并且将 Scale 属性的参数改为 20.0%，效果如图 2-67 所示。

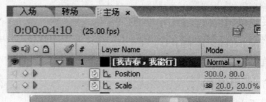

图 2-67 更改关键帧参数

在 Effect Controls 面板中选择 Path Text 特效，展开 Advanced 属性下的 Jitter Settings 属性，为 Baseline Jitter Max（基线跳动最大值）、Kerning Jitter Max（突出跳动最大值）、Rotation Jitter Max（旋转跳动最大值）、Scale Jitter Max（缩放跳动最大值）这 4 个属性添加关键帧，如图 2-68 所示。

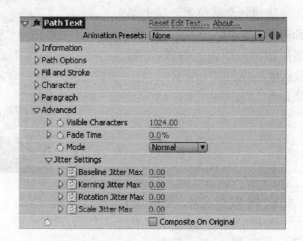

图 2-68 添加关键帧

将时间指针定位至 6∶00 秒处，更改以上 4 个属性的参数依次为 20.00、2.00、5.00、5.00，如图 2-69 所示。

将时间指针定位至 4∶00 秒处，按下空格键，可以预览文字由远到近、由小到大的运动过程，每个文字还在放大后不规律地上下跳动。

```
▽ Jitter Settings
  ▷  Baseline Jitter Max  20.00
  ▷  Kerning Jitter Max    2.00
  ▷  Rotation Jitter Max   5.00
  ▷  Scale Jitter Max      5.00
```

图 2-69 关键帧参数

提示

在 Jitter Setting 属性参数的设置中，如果参数值为负数时对象运动的频率会很高，看上去很急促；如果为正数，则对象运动得比较缓和。

接着制作副标题的动画,实现文字由模糊变清晰的过程。

单击菜单 Layer → New → Text 命令,新建一个文字图层。

在 Composition 面板中单击鼠标,输入文字内容"路径文字特效",并在 Character 面板中设置字符属性,如图 2-70 所示。

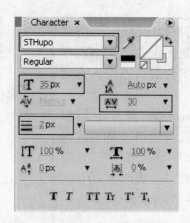

图 2-70 设置字符属性

使用工具箱中的选择工具 ，将文字移动到合适位置。单击菜单 Effect → Stylize → Glow 命令,为图层添加一个发光特效,参数取默认值,如图 2-71 所示。

图 2-71 Glow 发光特效

将时间指针定位至 6:00 秒处,选择该图层,按 Alt+[组合键定位图层入点。单击菜单 Effect → Blur & Sharpen → Fast Blur 命令,为图层添加一个快速模糊特效。

在 Effect Controls 面板中为 Fast Blur 特效下的 Blurriness 属性添加关键帧,将参数改为 120；将时间指针定位至 7:00 秒处,更改 Blurriness 属性的参数为 0,效果如图 2-72 所示。

3 个场景的动画都已经完成,需要把它们组合起来。

提示

在同一图层内复制滤镜时,只要在 Effects Controls 面板或 Timeline 面板中选择需要复制的滤镜名称,按 Ctrl+D 组合键即可。如果要移除滤镜,只要选中该滤镜,按 Delete 键。

图 2-72 动画效果图

任务五　拼合与渲染输出

STEP1:拼合动画

创建一个新的合成图像,将完成的 3 个合成图像嵌套进去,就可以将其组合在一起。

嵌套是将合成图像作为另一个合成图像的一个素材进行相应的操作。

单击菜单 Composition → New Composition 命令,在弹出对话框中将合成图像命名为“路径文字特效”,时间长度为 15 秒,其他参数取默认值。

选择 Project 面板中的“入场”“转场”、“主场”3 个合成图像,拖入 Timeline 面板中,如图 2-73 所示。

将时间指针定位至 5∶00 秒处,选择“转场”图层,按 [键将该图层的入点自动对齐到当前时间标志。

将时间指针定位至 7∶00 秒处,选择“主场”图层,按 [键定位入点,如图 2-74 所示。

单击 Timeline 面板左下角的按钮可查看图层出入点时间,如图 2-75 所示。

保存文件。

提示

如果要对一个图层使用两次或两次以上的同样的变化属性,就可以使用嵌套。嵌套给用户提供了多次使用遮罩、滤镜和变换属性的机会。使用嵌套的原因有很多,如为了多个图层进行统一的变换操作,为了使用一些特殊的滤镜组合,为了改变渲染的顺序,为了对多个图层应用统一的遮罩和遮罩动画等。

入场
转场
主场
路径文字特效
0:00:00:00
(25.00 fps)
Source Name
Parent
None

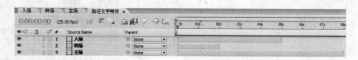

图 2-73　嵌套合成

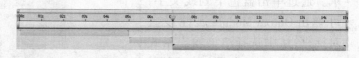

图 2-74　排列图层时间线

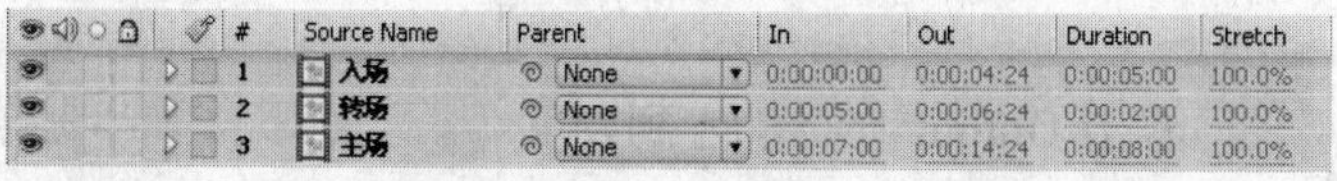

Source Name
Parent
In
Out
Duration
Stretch
1 入场 None 0:00:00:00 0:00:04:24 0:00:05:00 100.0%
2 转场 None 0:00:05:00 0:00:06:24 0:00:02:00 100.0%
3 主场 None 0:00:07:00 0:00:14:24 0:00:08:00 100.0%

图 2-75　动画预览效果

提示

排列图层的时间线时还可以通过直接拖曳某个图层时间线的方式实现,比较直观,但定位不精确。

通过设置 Timeline 面板上对应图层的 In 和 Out 时间参数也可以精确定位图层在时间线上的入点和出点。

STEP2:渲染输出

选择 Project 面板中的"路径文字特效"合成图像，单击菜单 Composition → Add to Render Queue（添加到渲染队列）命令，系统自动打开 Render Queue 面板，如图 2-76 所示。在该面板中选择 Maximize Frame（画面最大化）选项。

默认参数完全符合渲染要求。通过单击蓝色下划线文字，可弹出 Output Module 属性设置对话框，从中选择渲染输出格式 QuickTime Movie，如图 2-77 所示。

单击 Output To（输出到）旁的蓝色下划线文字，在弹出的对话框中选择影片的保存路径和名称，然后单击"保存"按钮。

单击 Render 按钮开始渲染。

渲染完成以后，在 Render Queue 面板菜单中选择 Restore Frame Size（恢复画面尺寸），恢复工作区。

提示

After Effects 渲染合成图像的顺序可以影响最后的输出效果。渲染全部二维图层合成图像的时候，根据图层在 Timeline 面板排列的顺序进行处理，从最下面的图层开始，逐渐渲染到最上层。

对每个图层渲染时，先渲染遮罩，再渲染滤镜，然后渲染 Transform 属性，最后才对混合模式和轨道遮罩进行渲染。

对于多个滤镜和多个遮罩进行渲染的顺序是从上往下依次渲染的。

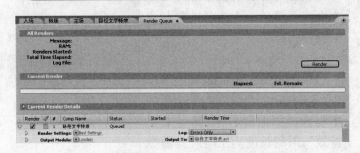

图 2-76 Render Queue 面板

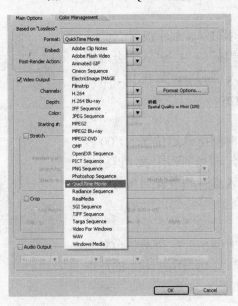

图 2-77 输出类型设置

提示

QuickTime Movie 即 Apple 公司开发的音频、视频文件格式——MOV 流式影片格式，需使用 QuickTime 播放器播放；这种格式采用了有损压缩，画面效果比 AVI 格式稍微好些，文件也小些。

小结与训练

小结

通过本项目的制作,读者体验了多种路径文字特效的制作方法。既可以直接套用预置特效自带文字类别的路径特效来实现路径特效,也可以在固态图层上添加 Effect 菜单下 Text 子菜单中的 Path Text 滤镜,设置关键帧特效来实现路径特效;同时还可以自己绘制路径,应用于文字图层来实现个性化路径特效。诸多变化的路径使文字的运动丰富起来,配合 Glow、Blue 等滤镜的使用,加上图层的各种属性设置,可以使特效效果花样百出,引人注目。

思考题

1. 创建路径文字特效的方法有几种?
2. Path Text 滤镜中提供了哪几个类型的路径?
3. 用户如何自行创建路径,并应用于文字?

训练题

1. 参考素材光盘中项目二训练文件夹中的"练习 1"成品文件,使用 Path Text 滤镜完成一个路径文字特效的作品制作。
2. 参考素材光盘中项目二训练文件夹中的"练习 2"成品文件,完成一个自绘路径文字效果的作品制作。
3. 以项目二素材文件夹中提供的素材文件和前两道训练题完成的文件为基础,参考素材光盘中项目二训练文件夹中的"练习 3"成品文件,完成综合作品制作。

项目三 "学知识,学技能"
——光文字特效

项目简介

　　人类视觉对光的捕捉相当敏感,光的强弱、虚实变化给视觉带来的冲击是如此的强烈。如果运动的文字带上光效,会是一种多么绚丽的感觉! 本项目将使用 After Effects 自带的滤镜和第三方滤镜为文字添加光效,实现光文字特效。

　　通过本项目的制作,读者将学到很多光文字特效的制作技巧:可以学会如何安装第三方滤镜,学会使用 Echo 滤镜实现拖影效果,学习如何运用 Ramp、Bevel Alpha、Curves 等滤镜制作金属文字,学会使用第三方滤镜 Starglow 实现星光闪耀效果及学会利用 Card Wipe 滤镜与 Directional Blur 等滤镜相结合制作光焰效果;还将了解三维坐标的设置、蒙版的使用和不同滤镜叠加的技巧等操作技能。

效果截图

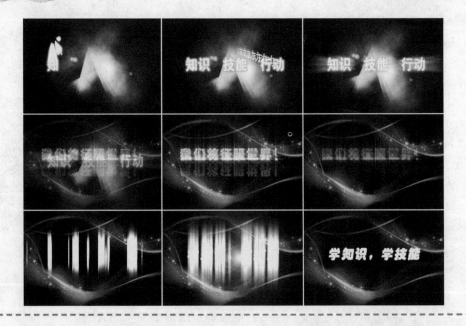

任务一　安装滤镜插件

STEP1:安装滤镜插件

After Effects 自带了上百种滤镜,有时为了制作出更理想的特效,需要借助第三方公司开发的滤镜即滤镜插件来实现,因此首先要将这些滤镜安装到 After Effects 中。

滤镜是用来实现动画的各种特殊效果的命令,包括软件自带滤镜和其他公司提供的第三方滤镜。

以安装 Trapcode 的 Starglow滤镜为例。通过购买获取滤镜安装文件,复制到项目三素材的"滤镜插件"文件夹,双击运行滤镜安装程序 Starglow.exe,如图3-1 所示。

单击 Next 按钮,然后单击Browse 按钮,在弹出的对话框中选择 After Effects CS3 安装目录下的 Support Files\Plug-ins\Effects 文件夹,单击"确定"按钮,接着单击 Next 按钮进行安装,完成以后单击 Close 按钮关闭对话框,如图3-2 所示。

安装完毕后,滤镜插件就会自动显示在 Effect 菜单下了。

提示

After Effects 的自带滤镜位于安装目录下的 Support Files\Plug-ins\Effects 文件夹里,扩展名为 .aex。

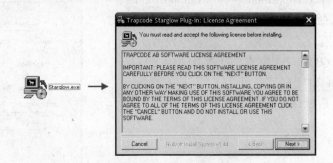

图 3-1　运行滤镜安装程序

图 3-2　安装滤镜

提示

After Effects 插件常见的安装方法有两种。一种是插件本身有安装程序,运行相应的安装程序,根据提示操作就可以完成安装。如果出错请检查插件所适应的 After Effects 版本及安装位置是否正确。

另一种方法是直接把 .aex 文件复制到 After Effects 安装目录下的 Support Files\Plug-ins\Effects 文件夹里。如果不能正常运行,请检查插件所适应的 After Effects 版本及 .aex 文件的只读属性是否去掉。

提示

应该在运行 After Effects 软件之前安装第三方滤镜。如果安装时软件已经运行,则在滤镜安装完毕后需重新启动软件。

提示

滤镜安装后一般需要注册。在第一次使用滤镜时进行注册,才能正常使用。

STEP2:新建合成

启动 After Effects CS3,单击菜单 Composition → New Composition 命令,在弹出对话框中,合成图像名为"拖影文字",大小设置为600×400 像素,选择 D1/DV PAL (1.07),时间长度为 5 秒,其他参数取默认值,如图 3-3 所示。

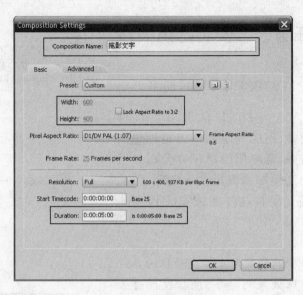

图 3-3 新建合成

选择横排文字工具 **T**,在 Character 面板设置字符格式,字体填充为白色,在 Composition 面板中单击鼠标,输入"知识、技能、行动",创建一个文字图层,如图 3-4 所示,单击菜单 File → Save As 命令保存项目。

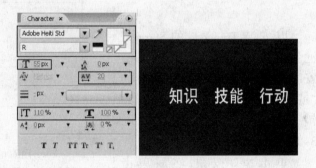

图 3-4 新建文字层

选择 Timeline 面板上的文字图层,单击 Effect 菜单,会发现与安装滤镜之前相比多了 Trapcode 类别及其中的 Starglow 滤镜,如图 3-5 所示。

值得注意的是,菜单命令只有在选定了图层以后才可用,否则是灰色的不可用状态,因此在新建项目和图层以后才能查看滤镜是否真正安装成功。

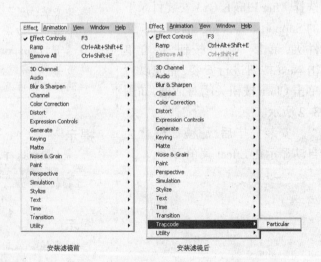

图 3-5 特效菜单对比

任务二　制作拖影文字

STEP1:3D位移特效

制作 3D 位移特效的思路是通过设置 Position 属性的 Z 轴参数实现文字由远及近的效果。

在 Timeline 面板中展开文字图层属性，单击 Animate:⊙ 按钮，从下拉菜单中选择 Position 命令，为文字添加 Position 属性组，如图 3-6 所示。

目前，Position 属性只有 X、Y 轴两个参数。再次单击 Animate:⊙ 按钮，在弹出菜单中选择 Enable Per-character 3D 命令，开启 3D 模式，如图 3-7 所示。

将 Position 属性的参数设置为（-2100.0,-1500.0,10000.0）文字移至左上角，如图 3-8 所示。

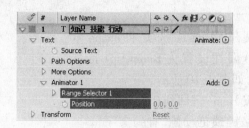

图 3-6　位置属性动画组

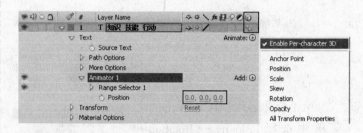

图 3-7　开启 3D 模式

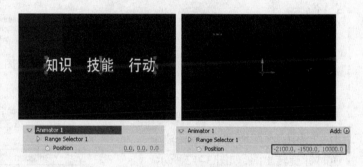

图 3-8　设置 Position 参数

提示

要转换 3D 模式，可以直接单击图层的 3D 图层转换开关 ▦，或者单击 Layer → 3D Layer 菜单命令。

Offset 属性 -100 至 100 的关键帧动画用于产生过渡的效果。

展开 Range Selector 1（范围选择器 1）属性，在 0∶00 秒处为 Offset（偏移）设置关键帧，参数改为 -100%；在 2∶00 秒处设置为 100%，如图 3-9 所示。

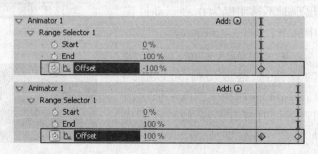

图 3-9　Offset 参数设置

展开 Advanced 选项，将 Shape （形状）属性设置为 Ramp Up（上倾斜），如图 3-10 所示。

按 Home 键回到 0：00 秒处，按空格键预览动画，看到文字依次由远处飞入。

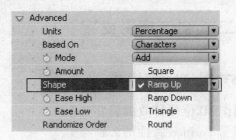

图 3-10　shape 参数设置

提示

Shape 属性下提供了 6 个选项，都是过渡型的动画，各有特色。读者可以尝试切换，查看效果。

单击 Add: ⊙ 按钮，在弹出的菜单中选择 Property → Rotation 命令，添加一个旋转动画，如图 3-11 所示。

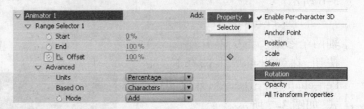

图 3-11　添加旋转动画

将 Y Rotation 参数设置为 -1×+0.0°，使文字在 Y 轴上逆时针旋转 1 圈，如图 3-12 所示。

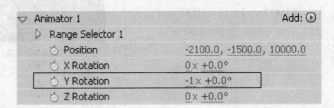

图 3-12　Y Rotation 参数

单击 Add: ⊙ 按钮，在弹出菜单中选择 Property → Opacity 命令，添加一个不透明度动画，Opacity 参数设置为 0%，使文字出现时不透明度为 0，在运动过程中递增，如图 3-13 所示。

单击 Time Controls 面板中的 ▶ 按钮，播放动画，可以看到 Composition 面板中的文字依次出现，并同时带有位移、旋转和不透明度的变化效果，如图 3-14 所示。

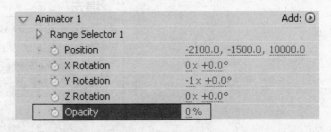

图 3-13　Opacity 参数

图 3-14　预览效果

STEP2:制作拖影效果

选择文字图层,单击菜单 Effect → Time → Echo 命令,添加重影滤镜。Echo Time(重影时间)值设置为 –0.010,Number Of Echoes(重影数量)值设置为 20,Decay(衰减)值设置为 0.90,如图 3-15 所示。

Echo 是重影滤镜,将附近几帧的画面复制到当前帧,并进行一定的融合,实现拖影的效果。

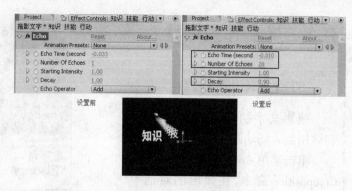

图 3-15 Echo 滤镜设置

提示

Echo 滤镜参数含义如下。

• Echo Time:设置复制其他帧到当前帧的时间间隔,负值代表向前复制,正值代表向后复制。

• Number Of Echoes:设置复制多少帧到当前帧中。

• Starting Intensity(开始强度):设置当前帧的不透明度。

• Decay:设置拖影产生衰减效果,即透明度逐渐降低。

• Echo Operator(重影操作):设置复制帧与当前帧的混合方式。

单击菜单 Effect → Stylize → Glow 命令,为图层添加一个辉光特效,Glow Color 属性设置为 A&B Color;Midpoint 属性下的 Color A 参数设置为(R=231,G=169,B=22),Color B 参数设置为(R=255,G=72,B=0),如图 3-16 所示。

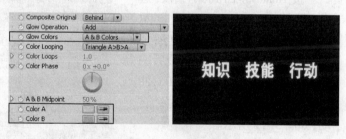

图 3-16 Glow 滤镜设置

选择文字图层,按 Ctrl+D 组合键复制图层,使得文字的辉光效果更明显,如图 3-17 所示。

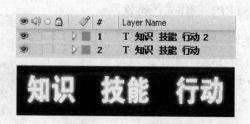

图 3-17 复制文字图层

任务三 制作入场特效

STEP1:制作背景特效

拖影文字制作完成后,要将它运用到入场动画中。

单击菜单 Composition → New Composition 命令,在弹出的对话框中将合成图像命名为"入场",时间长度设为5秒,其他参数取默认值。

单击菜单 File → Import → File 命令,在弹出的对话框中选择附带光盘中"项目三素材"\ "背景1.jpg"、"背景2.jpg"两个文件,将其导入。

选择 Project 面板中的"拖影文字"合成图像及"背景1.jpg",拖动到 Timeline 面板上,调整图层位置,如图3-18所示。

按 Home 键回到第一帧,选择"背景1"图层,按R键显示 Rotation 属性,单击 按钮添加关键帧。按 End 键定位至最后一帧,将 Rotation 参数改为15.0°,使得背景图像绕中心缓慢顺时针转动,如图3-19所示。

STEP2:制作光芒特效

选择"拖影文字"图层,按 Ctrl+D 组合键复制图层,选择第2图层,按回车键,将图层名称改为"光芒",如图3-20所示。

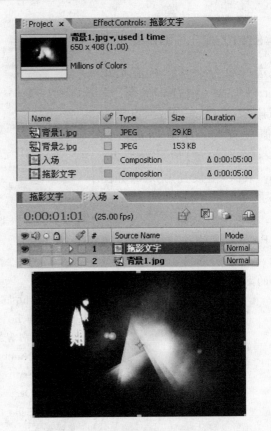

图3-18 创建入场合成及图层

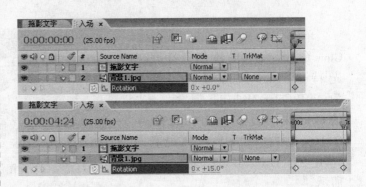

图3-19 Rotation 属性设置

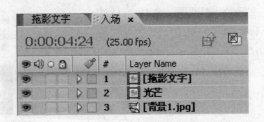

图3-20 复制图层

单击菜单 Effect → Blur & Sharpen → Radial Blur 命令,为文字图层添加一个径向模糊滤镜。

Radial Blur 实现径向的模糊,通过参数的设置可以模拟光芒效果。

将时间指针定位至 2:10 秒处,在 Effect Controls 面板中设置特效参数。为 Amount(数量)添加关键帧,参数设置为 0.0;Center(中心点)坐标为(300.0,200.0);Type(类型)设置为 Zoom(变焦),如图 3-21 所示。

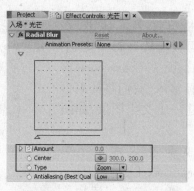

图 3-21 设置 Radial Blur 参数

将时间指针定位至 4:24 秒处,将 Amount 值改为 200.0,效果如图 3-22 所示。

图 3-22 更改 Amount 参数值

至此,入场动画制作完毕,按 Ctrl+S 组合键保存文件,单击 Time Controls 面板中的 RAM 预览按钮 ▣ 实现 RAM 预览,效果如图 3-23 所示。

图 3-23 预览效果

任务四 制作金属文字

STEP1:制作金属文字

单击菜单 Composition → New Composition 命令,参数设置如图 3-24 所示。

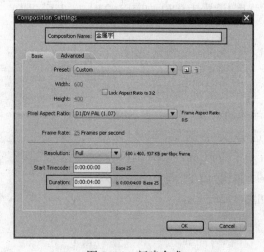

图 3-24 新建合成

选择横排文字工具 **T**，在 Character 面板设置字符格式，字体填充为白色，在 Composition 窗口单击鼠标输入"我们将征服世界！"，创建一个文字图层，如图 3-25 所示。

图 3-25 输入文字

选择文字图层，单击菜单 Effect → Generate（生成）→ Ramp（渐变）命令，为文字图层添加一个从上到下的灰度渐变，Start of Ramp（渐变起点）和 End of Ramp（渐变终点）的位置分别为（300.0，120.0），（300.0，190.0），如图 3-26 所示。

图 3-26 Ramp 参数设置

提示

Ramp（渐变）滤镜实现对象的渐变颜色填充效果。

选择文字图层，单击菜单 Effect → Perspective（透视）→ Bevel Alpha（倒角）命令，为图层添加一个倒角的效果，Edge Thickness（边缘厚度）设置为 2.5，Light Intensity（照明强度）设置为 0.80，如图 3-27 所示。

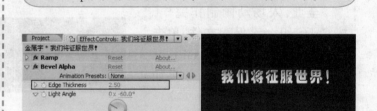

图 3-27 Bevel Alpha 参数设置

Bevel Alpha 是倒角 Alpha 滤镜，可以在图像的 Alpha 通道的区域产生一个倒角的外观，模拟出类似浮雕的效果。

选择文字图层，单击菜单 Effect → Color Correction（调色）→ Curves（曲线）命令，调节出金属效果，如图 3-28 所示。

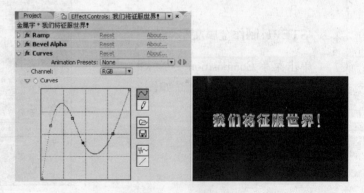

图 3-28 Curves 参数设置

Curves（曲线）滤镜通过设置不同位置的高光曲线，模拟金属质感的效果。

选择文字图层，单击菜单 Effect → Color Correction（调色）→ Brightness & Contrast（亮度和对比度）命令，微调金属文字的光泽效果，如图 3-29 所示。

提示

在 Curves（曲线）上单击鼠标可以增加锚点，按住左键拖动锚点可以设置高光的位置，选中锚点后按 Delete 键可以删除锚点。

图 3-29　Brightness & Contrast 参数设置

STEP2：制作倒影效果

选择文字图层，按 Ctrl+D 组合键复制图层，按回车键将图层更名为"倒影"，将该图层拖动到最底层。

图 3-30　创建倒影层

按 S 键显示 Scale 属性，参数改为 100.0%，-100.0%；按 Shift 键，同时向下拖动文字，调整倒影的垂直位置，如图 3-30 所示。

下面在"倒影"图层上添加遮罩区域，作为蒙版遮盖倒影文字，实现若隐若现的效果。

单击工具栏上的矩形遮罩工具，在"倒影"图层上绘制一个矩形，展开图层的 Masks 属性，展开 Mask 1，设置 Mask Feather（遮罩羽化）参数为 70.0 像素，Mask Opacity（遮罩不透明度）参数为 40%，如图 3-31 所示。

至此，金属文字制作完毕。

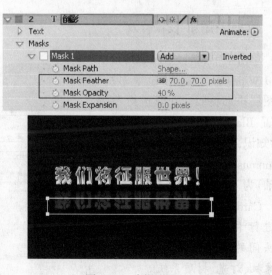

图 3-31　倒影设置

任务五 制作光焰文字

STEP1：新建文字图层

单击菜单 Composition → New Composition 命令，在弹出的对话框中将合成图像命名为"光焰文字"，时间长度设为 5 秒，其他参数如图 3-32 所示。

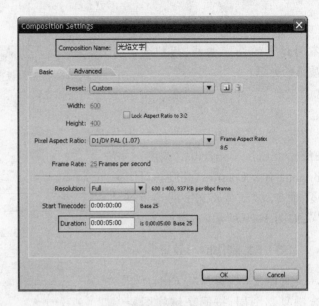

图 3-32 新建合成图像

单击菜单 Layer → New → Text 命令，新建一个文字图层；在 Character 面板中设置字符格式，字符填充色为白色，字体大小 55 px，字符间距 100；然后在 Composition 面板中输入"学知识，学技能"，如图 3-33 所示。

图 3-33 新建文字图层

STEP2：添加、设置特效

单击菜单 Effect→Transition→Card Wipe（卡片擦拭）命令，为文字图层添加特效。对其进行参数设置：Black Layer（背面图层）为"学知识，学技能"，Rows（行）为 1，Colunmns（列）为 30，Filp Axis（反转轴）为 Y，如图 3-34 所示。

Card Wipe 命令对指定的图层进行卡片式的翻转擦拭，实现镜头间的过渡效果，拥有独立的摄像机、灯光、材质系统。

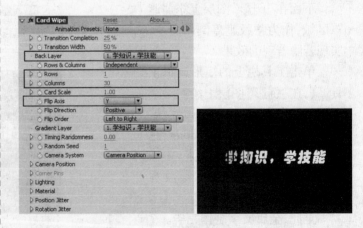

图 3-34 Card Wipe 参数设置

将时间指针定位至 0：00 秒处，单击 Transform Completion（变幻完成度）前的关键帧记录器，参数为 0%；将时间指针定位至 2：00 秒处，Transform Completion 的参数改为 100%，选择图层，按 U 键查看关键帧，如图 3-35 所示。

图 3-35　Card Wipe 参数

将时间指针定位至 0：00 秒处，展开 Camera Position（摄像机位置）选项设定相关参数、单击 Y Rotation（Y 轴旋转）前的关键帧记录器，参数为 110.0°；单击 Z Position（Z 轴位置）前的关键帧记录器，参数为 1.00；单击 X Jitter Amount（X 轴振动量）前的关键帧记录器，参数为 0.50，单击 Z Jitter Amount（Z 振动量）前的关键帧记录器，参数为 10.00，如图 3-36 所示。

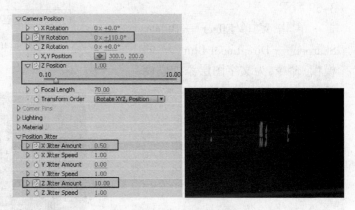

图 3-36　0：00 处参数设置

将时间指针定位至 2：00 秒处，Y Rotation 参数为 0.0°，Z Position 参数为 2.00，X Jitter Amount 参数为 0.00，Z Jitter Amount 参数为 0.00，产生效果如图 3-37 所示。

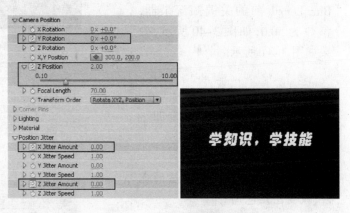

图 3-37　2：00 处参数设置

完成以后的效果如图 3-38 所示。

图 3-38　预览效果

STEP3:制作文字光焰

选择"学技能，学知识"文字图层，按 Ctrl+D 组合键复制一层，按回车键将图层更名为"光焰"。单击 Timeline 面板底部的转换控制框按钮，显示 Mode（模式）选项，将图层模式改为 Add，如图 3-39 所示。

单击菜单 Effect → Blur & Sharpen → Directional Blur（方向模糊）命令，为文字图层添加模糊效果。

Directional Blur（方向模糊）滤镜的作用与 Radial Blur 滤镜相似，实现指定角度方向的模糊。

将时间指针定位至 0：00 秒处，单击 Effect Controls 面板上 Blur Length 前的关键帧记录器，参数为 50.0，如图 3-40 所示，效果如图 3-41 所示。

单击菜单 Effect → Color Correction → Levels 命令，添加一个色阶，如图 3-42 所示。

Levels 滤镜可调整图层的色阶，改变图层色调。

图 3-39　光焰图层

图 3-40　Directional Blur 参数设置

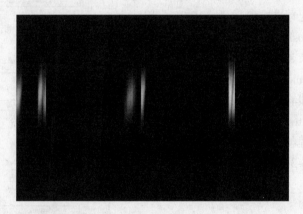

图 3-41　模糊效果图

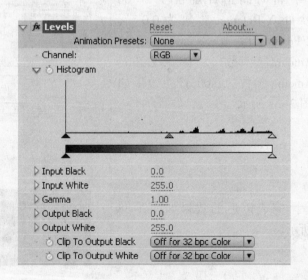

图 3-42　Levels 滤镜

在 Effect Controls 面 板 上，将 Channel（通道）设置为 Alpha，Alpha Input White（输入白色）设置为 50，如图 3-43 所示。

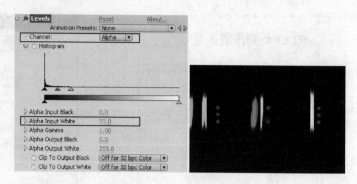

图 3-43　Levels 参数设置

下一步需要调整光焰的色彩。 单击菜单 Effect → Color Correction → Colorama（色环）命令。在 Effect Controls 面板上，将 Input Phase（输入相位）下的 Get Phase From（自 … 获取相位）设置为 Alpha，将 Output Cycle（输出循环）下的 Use Preset Palette（使用预置调色板）设置为 Fire，取消 Modify（修改）属性下的 Modify Alpha 复选框的选择，如图 3-44 所示。

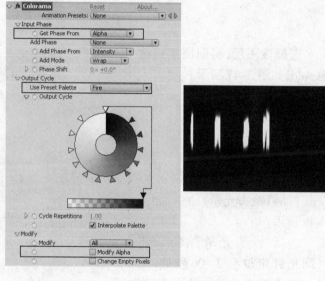

图 3-44　Colorama 参数设置

设置完彩色的光环，为了达到光焰的动态效果，需要设置模糊长度。

将时间指针定位至 1：00 秒处，Blur Length 为 100.0 ；2：00 秒处 Blur Length 为 100.0 ；2：10 秒处 Blur Length 为 150.0，3：00 秒处 Blur Length 为 0.0。

按空格键预览动画，效果如图 3-45 所示。

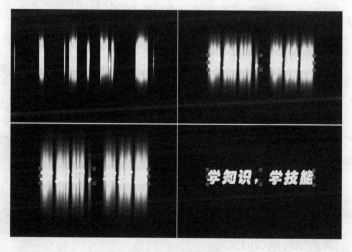

图 3-45　预览效果

STEP4:制作镜头光晕

单击菜单 Layer → New → Solid 命令,新建一个黑色的固态图层,命名为"镜头光晕",如图 3-46 所示。

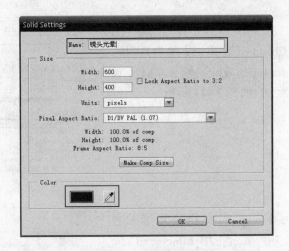

图 3-46 新建固态层

选择该图层,将图层模式改为 Add,如图 3-47 所示。

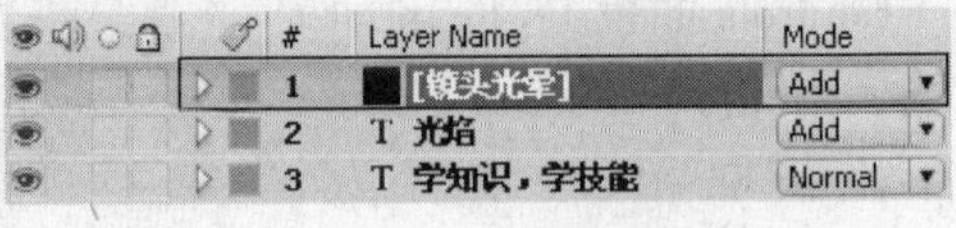

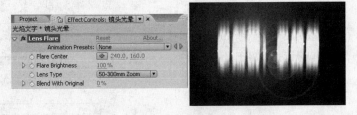

图 3-47 设置图层模式

单击菜单 Effect → Generate → Lens Flare(镜头光晕)命令,如图 3-48 所示。

选择"镜头光晕"图层,将时间指针定位至 2:00 秒处,按 Alt+[组合键定位图层的入点;将时间指针定位至 3:00 秒处,按 Alt+] 组合键定位图层的出点,使得镜头光晕效果只在此之间显示,如图 3-49 所示。

图 3-48 Lens Flare 滤镜

图 3-49 设置图层出入点

将时间指针定位至 2:00 秒处,单击 Flare Center(光晕中心)前的关键帧记录器,参数为 0.0,200.0;将时间指针定位至 2:20 秒处,Flare Center 参数改为 600.0,200.0,如图 3-50 所示。

拖动时间指针,预览效果是光晕从左向右移动,光芒发生由弱到强再减弱的变化。

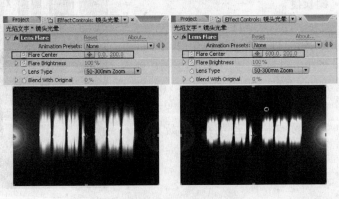

图 3-50 镜头光晕的变化

任务六 制作中场特效

STEP1：制作发光效果

单击菜单 Composition → New Composition 命令，在弹出的对话框中将合成图像命名为"中场"，时间长度为9秒，其他参数如图3-51所示。

单击菜单 Layer → New → Text 命令，新建一个文字图层，并输入文字"我们征服世界"。

单击菜单 Effect → Trapcode → Starglrow（星光）命令，为文字添加一个星光效果，如图3-52所示。

Starglow 是由 Trapcode 公司出品的一种快速度的亮光效果的滤镜。它能在增加的素材周围形成星光特效，这种由8个方向形成的星光图形可以设置不同的图形和不同的光线强度。

将时间指针定位至0：00秒处，在 Effect Controls 面板中设置 Colomap A（颜色贴图A）属性的 Type/Preset（类型 / 预设）属性设置为 Heaven，Colomap B 属性的 Type/Preset 属性设置为 Electric；为 Starglow Opacity（星光不透明度）添加关键帧，参数为60.0；Transfer Mode（过渡模式）设置为 Screen（屏幕），效果如图3-53所示。

将时间指针定位至2：00秒处，将 Starglow Opacity 参数改为100.0%。

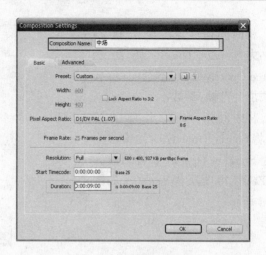

图 3-51 新建合成图像

图 3-52 Starglow 滤镜

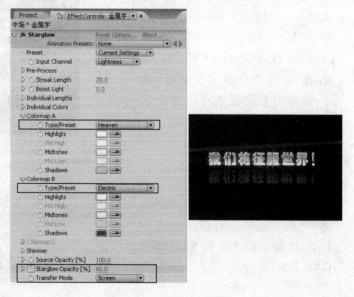

图 3-53 0：00处参数设置

将时间指针定位至 3：00 秒处，为 Starglow Opacity 属性和 Source Opacity（图层不透明度）属性添加关键帧，参数不变。

将时间指针定位至 4：00 秒处，将 Source Opacity 属性值改为 0，将 Starglow Opacity 属性值改为 30.0%，使得图层内容消失，如图 3-54 所示。

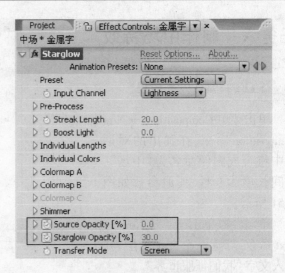

图 3-54　4：00 处参数设置

按空格键预览动画，实现星光逐渐增强，保持一段时间后文字与星光同时暗淡消失的效果，如图 3-55 所示。

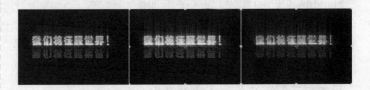

图 3-55　预览效果

STEP2：组织动画

选择 Project 面板中的"背景 2.jpg"，拖动到 Timeline 面板图层的底层。单击菜单 Layer → Transform → Fit To Comp Width（适合于合成图像宽度）命令，调整背景图像大小以适合于 Composition 面板，如图 3-56 所示。

图 3-56　添加背景

拖动 Project 面板中的"光焰文字"到 Timeline 面板并置于最上层，将图层模式改为 Add，如图 3-57 所示。

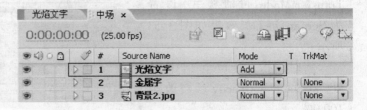

图 3-57　更改图层模式

将时间指针定位至 4：00 秒处，按[键，将"光焰文字"图层入点定位在 4：00 秒处，使得光焰文字在 4：00 秒时出现，如图 3-58 所示。

图 3-58 设置图层入点

任务七 拼合与渲染输出

STEP1：定位图层

单击菜单 Composition → New Composition 命令，在弹出的对话框中将合成图像命名为"总合成"，时间长度为 13 秒，其他参数如图 3-59 所示。

依次选择 Project 面板中的"入场"和"中场"，拖动到 Timeline 面板上，如图 3-60 所示。

选择"中场"图层，将时间定位至 4 秒处，按 [键将图层入点定位到此，如图 3-61 所示。

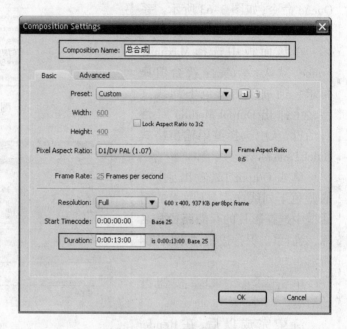

图 3-59 新建合成图像

图 3-60 添加图层

STEP2：制作转场

选择"入场"图层，将时间指针定位至 4：00 秒处，按 T 键展开 Opacity 属性，添加关键帧，参数设为 100%。将时间指针定位至 5：00 秒处，Opacity 改为 0%，实现"入场"逐渐淡出的效果，如图 3-62 所示。

特效制作完成，保存文件。

图 3-61 "中场"图层定位

图 3-62 Opacity 参数设置

STEP3:渲染输出

选择 Project 面板中的"路径文字特效"合成图像,单击菜单 Composition → Add to Render Queue 命令,如图 3-63 所示。系统自动打开 Render Queue 面板。

在该面板中选择 Maximize Frame,默认参数完全符合渲染要求。通过单击蓝色下划线文字,可弹出 Output Module 属性对话框,从中选择渲染输出格式 QuickTime Movie。

单击 Output To(输出到)旁的蓝色下划线文字,在弹出的对话框中选择影片的存储路径和名称,然后单击保存按钮,如图 3-64 所示。

单击 Render 按钮开始渲染。

渲染完成以后,在 Render Queue 面板菜单中选择 Restore Frame Size,恢复工作区。

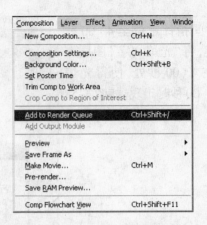

图 3-63 添加到渲染队列

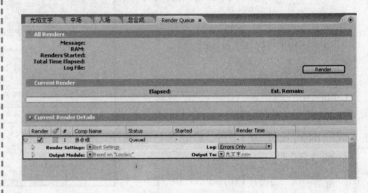

图 3-64 设置渲染参数

小结与训练

小结

通过本项目的练习体验了多种光效文字的制作方法:通过运动时产生拖影的效果结合 Glow 滤镜实现光辉特效;通过对文字层应用渐变、倒角滤镜,调整各个位置的高光点实现金属质感;通过第三方滤镜插件实现非常炫目的星光特效。滤镜的功能十分的强大,不同的滤镜可以叠加使用,滤镜叠加顺序的不同又可以产生完全不同的效果,诸多参数的不同设置实现了千变万化的效果。真是只有想不到,没有实现不了的特效啊!

思考题

1. 如何安装第三方滤镜?
2. 怎样添加和删除滤镜?
3. 制作金属文字需要用到哪些滤镜?
4. 同一图层运用不同的滤镜先后次序不同,会有区别吗?

训练题

1. 根据素材光盘中项目三训练文件夹中提供的滤镜插件,完成一个滤镜的安装和注册。
2. 参考素材光盘中项目三训练文件夹中的"练习"成品文件,完成一个光效文字特效的作品。

项目四 梦幻婚礼秀
——抠像特效

项目简介

在数码技术广泛运用的今天,不仅仅在于好莱坞电影,更多的数码图片技术被运用到人们的日常生活当中,各种名胜古迹背景可以随心所欲地与人物图片合成,产生魔幻性的影像效果。本项目通过对同一人物不同动作甚至不同背景的照片合成一张照片,反复切换产生换装的效果。

在 After Effects CS3 软件的应用过程中,抠像特效是非常重要的环节,After Effects CS3 软件也提供了非常多的抠像特效,不同方法的抠像特效以及抠像特效组合,最终让画面达到我们的要求。本项目通过抠像特效制作的过程中,学习和掌握颜色键控抠像、遮罩应用、层模式调整、图片锐化效果处理等技能。

效果截图

任务一　修复照片

STEP1:新建项目

单击菜单 File → New → New Project 命令,新建一个项目。

单击菜单 Composition → New Composition 命令,将新建合成图像命名为 Part1,选择 PAL D1/DV,分辨率为 720×576 像素,时间长度为 10 秒,其他参数取默认值,如图 4-1 所示。

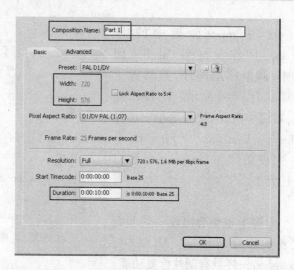

图 4-1　新建合成

单击菜单 File → Save As 命令,将项目命名为"新娘换装秀"。

单击菜单 File → Import → File 命令,在弹出的对话框中选择附带光盘中,"项目四素材"文件夹中的"沙滩.jpg"和"蝴蝶1.jpg"两个文件,Import As 下拉列表框中保留默认的 Footage,导入素材,如图 4-2 所示。

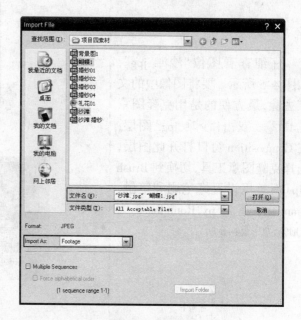

图 4-2　导入素材

STEP2:修复沙滩

选择 Timeline 面板中的 Part1 合成图像,单击菜单 Layer → New → Solid 命令,创建一个黑色背景的固态图层,如图 4-3 所示。该固态层将作为黑色背景。

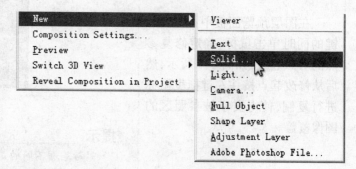

图 4-3　新建固态层

拖动 Project 面板中的"沙滩.jpg"图像素材到 Timeline 面板中,调整图层顺序,将其置于顶层,如图 4-4 所示。选择该图层,右键单击,从快捷菜单中选择 Effect → Transform → Fit to Comp 命令,使图像与 Composition 窗口一样大小。

图像中难免会出现一些瑕疵或者不满意的地方。AE CS3 与 Photoshop 一样具有图片修复功能。

图 4-4　图层顺序

提示

因为 AE 中一些影像是动态的,因此修复时需要对时间、空间综合把握。

AE 中有三种工具可以用来对画面上进行添加和修改,包括画笔、克隆图章和橡皮 ✐ ▣ ✐。

仔细查看图像"沙滩.jpg",如图 4-5 所示。要将图像中的文字去除,最方便的是用克隆图章工具 ▣。双击"沙滩.jpg"图层,在 Composition 窗口打开此图层,选择克隆图章工具,切换到 Brush Tips 面板里设置好笔刷和笔触,Diameter 为 22 px,Roundness 为 100%,如图 4-6 所示。

图 4-5　图像中的文字

图 4-6　打开图层

在图层预览面板中,按住 Alt 键的同时单击鼠标,确定修复参照的对照起点,如图 4-7 所示,然后从修改起点按住左键拖曳鼠标进行复制,使得文字被参照区的图像覆盖。

图 4-7　确定参照点

提示

与笔刷不同的是,克隆图章工具需要指定的不是颜色,而是克隆源图层、帧和克隆源像素点。

最后结果如图4-8所示。

图4-8 修复后的效果图

接着回到Composition面板，在Timeline面板中选择"沙滩.jpg"图层，按Ctrl+D组合键复制该图层。选择第1层"沙滩"，将Mode设置为Soft Light，如图4-9所示，使画面色彩更清晰。

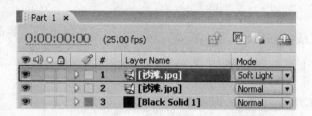

图4-9 更改图层模式

调节后图片效果如图4-10所示。

图4-10 调节效果对比

STEP3：修复蝴蝶

一般素材总会有些瑕疵或者缺陷，为了画面的完整，可用画笔工具进行涂抹，将画面重新绘制完整，以提高素材的质量。

双击Project面板中"蝴蝶.jpg"素材图像，在Composition面板打开该图像。

提示

利用工具面栏上的工具结合Composition窗口底部的 100% 显示比例，可以调整图像的在窗口中的位置和大小。

选择画笔工具，在Brush Tips面板中设置好笔刷和笔触，在Paint面板中将参数Opacity设置为100%，参数Flow设置为90%，用吸管工具在图像上选取描绘的前景色，如图4-11所示。

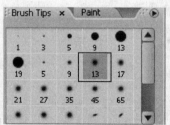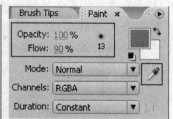

图4-11 画笔参数设定

用画笔在需要修整处单击或拖动涂抹，反复调整前景色，最后结果如图 4-12 所示。

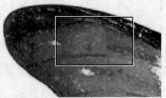

图 4-12　修复效果对比

任务二　制作闪白

STEP1：导入素材

单击菜单 Composition → New Composition 命令，在弹出的对话框中将合成图像命名为"闪白"，选择 PAL D1/DV，大小为 720×576 像素，时间长度设置为 10 秒，其他参数取默认值。

将 Project 面板中的"Part 1"合成图像拖到时间线 Timeline 面板上，如图 4-13 所示。

> **提示**
>
> 用修补工具修整图像时，应该根据具体的情况随时调整笔触的大小、修整的参照对象或修整的颜色，这样才能达到逼真的效果。

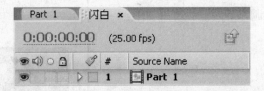

图 4-13　添加图层

STEP2：制作闪白

采用抽帧方式。选中图层，右键单击，从快捷菜单中选择 Effect → Time → Posterize Time 命令。

"闪白"，即"抽帧效果"，经常会出现在传统的视频特技台上，方法是将当前正常的播放速度调制到新的播放速度，但播放时长不变。如果低于标准速度，会产生跳跃现象。

在 Effect Controls 面板中设置 Frame Rate 为 24，如图 4-14 所示。

图 4-14　Posterize Time 参数设置

> **提示**
>
> 另一种闪白特效运用的是 Strobe Light 称为"闪光灯效果"。这是一种随时间变化的效果，方法是在一些画面中间不断地加入一帧闪白、其他颜色或应用一帧层模式，然后立刻恢复，使连续画面产生闪烁的效果，可以用来模拟计算机屏幕的闪烁或配合音乐增强感染力。

"闪光灯效果"制作。选中图层,右键单击,从快捷菜单中选择 Effect → Stylize → Strobe Light 命令。Blend With Original(与原始图像混合度)设置为 50%,Strobe Color(闪光色)设置为白色,如图 4-15 所示。

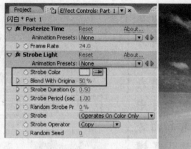

Blend With Original:与原图像混合程度。
Strobe Duration(secs):闪烁周期,以秒为单位。
Strobe Period(secs):间隔时间,以秒为单位。
Random Strobe Probablity:闪烁随机性。
Strobe:闪烁方式。
Strobe Operator:选择闪烁的叠加模式。
Random Seed:随机种子。

图 4-15 参数设置及其意义

任务三 抠像与拼接

STEP1:导入素材

单击菜单 Composition → New Composition 命令,合成图像命名为"图像素材处理",其他参数取默认值。单击菜单 File → Import → File 命令,导入配套光盘中"项目四素材"文件夹中的"婚纱 01.jpg"至"婚纱 04.jpg"四个图片文件。将这四个图片和"闪白"合成图像拖动到 Timeline 面板中。

单击图层前的 👁 按钮,隐藏"婚纱 02.jpg"、"婚纱 03.jpg"、"婚纱 04.jpg"三层,如图 4-16 所示。

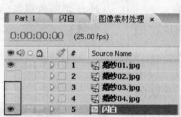

图 4-16 隐藏图层

STEP2:抠像

选择显示的"婚纱 01"图层,在 Effects & Presets(特效和预置)面板中双击 Keying 特效组中的 Color Key(颜色键)特效命令,为图层添加抠像特效,如图 4-17 所示。

图 4-17 添加预设特效

"抠像"在影视制作领域是被广泛采用的技术手段，实现方法也普遍被人们知道一些。当演员在绿色或蓝色构成的背景前表演，但这些背景在最终的影片中是见不到的，用其他背景画面替换了蓝色或绿色，就是运用了键控技术。

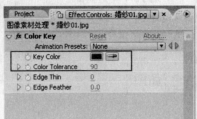

图 4-18　Color Key 参数设置

Color Key 特效及相应参数会显示在 Effect Controls 面板中。Key Color 属性用吸管吸取"婚纱 01"背景色的中间色调（R=13，G=13，B=160），Color Tolerance（颜色容差）参数设置为 90，蓝色背景基本被消除，如图 4-18 所示。

Color Key 特效要求图片在拍摄时背景色彩较为统一，不容易出现杂色，便于图像分离。当选择了一种键控色（即吸管吸取的颜色），应用 Color Key 特效后，被选颜色部分变为透明。

隐藏"婚纱 01"图层，显示"婚纱 02"图层，使用同样的方法将人物抠出。

因为婚纱素材的背景相似，因此可以通过复制特效的方式快速应用。单击"婚纱 01"图层，在 Effect Controls 面板选择 Color Key 特效，按 Ctrl+C 组合键复制。分别选择"婚纱 03"、"婚纱 04"图层，在 Effect Controls 面板上按 Ctrl+C 组合键粘贴，特效被复制。最后的效果如图 4-19 所示。

提示

Color Key 特效同时可以控制键控色的相似程度，调整透明的效果。还可以对键控的边缘进行羽化，消除"毛边"的区域。"Color Difference Key"、"Color Range"等特效适合复杂的抠像，尤其是对于透明、半透明的物体抠像十分合适。

图 4-19　抠像效果

STEP3：添加背景及拼接

背景在画面中起到至关重要的作用。单击菜单 File → Import → File 命令，导入附带光盘中"项目四素材"文件夹中的图片"沙滩婚纱.jpg"。将"背景图1.jpg"拖动到 Timeline 面板最底层，调整图像大小使之适合于合成窗口。调整该图层透明度，实现淡入淡出效果。将时间指针定位至1：00秒处，选择该图层，按 Alt+[组合键定位图层入点，如图4-20所示。

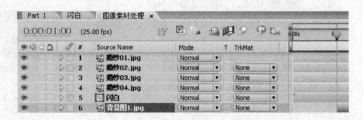

图 4-20　设置背景图层

单击菜单 Effect → Blur & Sharpen → Fast Blur 命令，为图层添加一个快速模糊特效。在 Effect Controls 面板中为 Fast Blur 特效下的 Blurriness 属性添加关键帧，将参数改为20.0。将时间指针定位至3：00秒处，更改 Blurriness 参数为0.0，效果如图4-21所示。

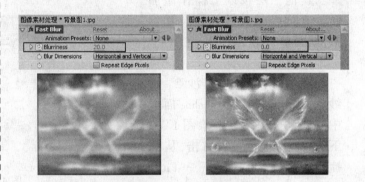

图 4-21　Fast Blur 参数设置

将"婚纱01"、"婚纱02"、"婚纱03"、"婚纱04"画面中的抠图人物作为前景，调整大小和位置，如图4-22所示。

图 4-22　Fast Blur 参数设置

分别将"婚纱 01"、"婚纱 02"、"婚纱 03"、"婚纱 04"的图层入点定位在 2：08、3：08、4：08、5：08 处，"闪白"图层出点定位在 1：15 处。选择"婚纱 01"图层，按 T 键显示 Opacity 属性，分别在 2：08、4：14、7：23、8：14 秒处添加关键帧，参数分别修改为 0%、100%、0%、100%。

其他三层按以上操作添加 Opacity 属性的关键帧并设置参数，如图 4-23 所示。

拖动 Project 窗口中"沙滩 婚纱 .jpg"图像素材到 Timeline 面板中，将图层放置在"背景图 1"的下方。选择该图层，右击，从快捷菜单中选择 Transform → Fit to Comp 命令。

隐藏"婚纱 01"、"婚纱 02"、"婚纱 03"、"婚纱 04"和"闪白"图层，只显示"背景图 1"和"沙滩 婚纱 .Jpg"，如图 4-24 所示。

STEP4：添加遮罩

选择"背景图 1"图层，在 6：00 秒处绘制一个小的矩形框，置于画外，为 Mask 1 添加关键帧，在 9：24 秒处将矩形框大小更改成和画面大小一致，如图 4-25 所示。更改 Mask 设置，调整图像遮罩效果，将 Mask 1 的图层属性改为 Subtract，Mask Feather（遮罩羽化）

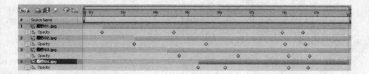

图 4-23 设置 Opacity 属性关键帧

图 4-24 图层顺序和隐藏

图 4-25 添加遮罩

设置为 132.0 pixels，将 Mask Expansion 设置为 30.0 pixels，如图 4-26 所示。

调整"沙滩　婚纱 .Jpg"图像以适合 Composition 窗口大小。

任务四　拼合与渲染输出

STEP1：拼合动画

单击菜单 Composition → New Composition 命令，合成图像命名为"最终合成"，时间长度为 15 秒，其他参数取默认值。

导入"礼花 01.avi"文件，依次选择 Project 面板中的"礼花 01.avi"、"图像素材处理"、"沙滩　婚纱 .jpg"，并拖入到 Timeline 面板中，如图 4-27 所示。

选择"礼花 01.avi"图层，调整素材大小以适合于 Composition 窗口。双击 Effects & Presets 面板中的 Keying 特效组中的 Color Key 特效，为视频添加抠像特效，去除底色；再双击 Time 特效组中的 Echo 特效，参数如图 4-28 所示。

图 4-26　Mask 参数设置

图 4-27　图层顺序

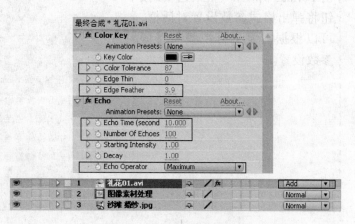

图 4-28　滤镜参数设置

选择"礼花 01.avi"图层,将时间指针定位至 9:00 秒处,按[键对齐图层入点。选择"沙滩婚纱"图层,调整图像大小,将时间指针定位至 10:00 秒处,按[键对齐图层入点。此时,时间线上三图层首尾相接,如图 4-29 所示。

保存文件。单击 ▶ 按钮预览动画。

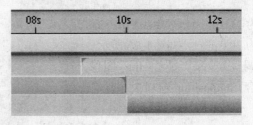

图 4-29 排列图层时间线

STEP2:渲染输出

选择 Project 面板中的"最终合成",单击菜单 Composition → Add to Render Queue 命令,添加到渲染队列,在 Render Queue 面板展开当前任务,如图 4-30 所示。

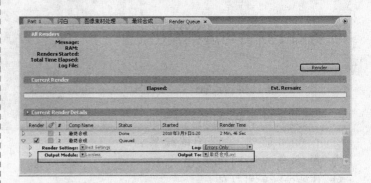

图 4-30 渲染队列

单击 Output Module 旁蓝色下划线文字,弹出如图 4-31 所示对话框,从对话框中选择渲染输出格式 Adobe Flash Video;单击 Format Options(格式选项)按钮将弹出格式参数设置对话框,可以根据需要进行视频与音频参数设置。

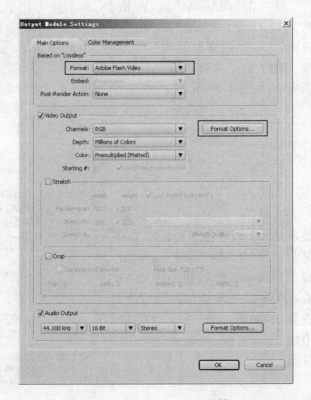

图 4-31 Output Module 对话框

单击 Output To（输出到）旁的蓝色下划线文字，在弹出的对话框中选择影片的存储路径和名称，单击"保存"按钮。

单击 Render 按钮开始渲染。渲染过程中，有如图 4-32 所示显示进程。渲染完成后，在 Render Queue 面板菜单中选择 Restore Frame Size（恢复画面尺寸），恢复工作区。

Flash Video（简称 FLV）文件，称为串流媒体格式。FLV 文件体积小巧，清晰的 FLV 视频文件 1 分钟在 1 MB 左右。CPU 占用率低、视频质量良好等特点使其在网络上盛行。它的出现有效地解决了视频文件导入 Flash 后，使导出的 SWF 文件体积庞大，不能在网络上有效使用等缺点。一般 FLV 文件包在 SWF Player 的壳里，并且 FLV 可以很好地保护原始地址，不容易被下载到，从而起到保护版权的作用。

提示

没有正确安装 Flash 软件，将无法正常渲染输出 FLV 格式文件。

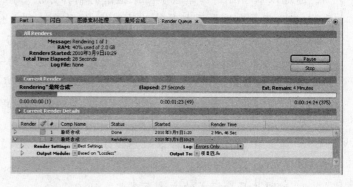

图 4-32　渲染过程

小结与训练

小结

通过以本项目制作体验了图像抠图的制作方法。同时,进行了直接运用色彩键控来更改画面、变化背景和遮罩添加等特效的制作,使作品达到更佳的视觉合成效果。在对图像的层模式调整、图片的修复和遮罩调整等任务的训练同时,学习了相关特效融合处理,在实际应用中非常有用,跟其他特效配合使用,变化更是精妙,这里的一些效果图只是单一的演示,并不能真正体现这些特效的精髓,这有待在学习和工作中探索发现!

思考题

1. 蓝色背景的图片进行抠图处理包括哪几种分类?

2. 闪白特效用于哪种效果?

3. 对图片层叠模式的方法有哪些?

训练题

1. 参考素材光盘中"项目四训练"文件夹中的"训练1"成品文件,使用 Keying(键控特效)的菜单命令,完成作品。

2. 以"项目四训练"文件夹中提供的素材图片,实现鱼从左边鱼缸跃入右边鱼缸的动画作品。

项目五 "世界美景游一游"
——图片色彩特效

项目简介

　　在特效制作过程中,图片是重要的素材之一,图片的色彩处理在特效制作中至关重要,色相、饱和度、亮度、噪波等要素的处理均会产生意想不到的特效效果。

　　本项目通过 AE 软件实现图像的色彩调整、水墨特效制作、噪波处理、吹气泡等特效制作,掌握图片特效制作的基本方法,学会色相、饱和度、亮度等图像的基本处理方式,掌握利用调色插件和直方图等操作技能进行图片调色设置等。同时,通过制作,对调整图像色彩、水墨特效、吹气泡特效等制作达到较熟练的程度。

效果截图

任务一　添加标题

STEP1:新建项目

新建项目。单击菜单 File → New → New Project 命令，或按 Ctrl+Alt+N 组合键，新建一个项目。

创建合成图像。单击菜单 Composition → New Composition 命令或按 Ctrl+N 组合键，在如图 5-1 所示的对话框中，将合成图像命名为"图片色彩特效合成1"，在 Preset 下拉列表框中选择 PAL D1/DV，大小为 720×576 像素，选择 D1/DV PAL，时间长度可以根据自己的项目需要来设置，其他参数取默认值。

导入素材。按 Ctrl+I 快捷键，导入配套光盘中"项目五素材"文件夹中的"01.jpg"图片素材，如图 5-2 所示。

将导入的图片素材拖入 Timeline 面板中，如图 5-3 所示。

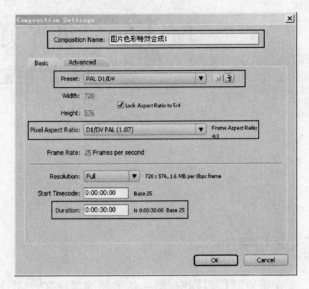

图 5-1　创建合成组

图 5-2　导入素材

图 5-3　将素材拖入 Timeline 面板

STEP2: 添加文字及特效

在导入的素材前加入动态文字。在Timeline面板中,单击右键,弹出快捷菜单,选择 New → Text 命令,新建一个文字图层,输入"世界美景游一游"。调出 Character 面板,调整字体、字号,设置颜色为红色,预览窗口如图 5-4 所示。

图 5-4 文字预览窗口

选择预置中合适的运动特效,选中文字图层,单击菜单 Animation → Browse Presets(浏览预设)命令,Adobe Bridge 软件将打开显示 Presets 文件夹中的内容,在 Text 文件夹中选取合适的标题文字出场动态方式,如图 5-5 所示。

图 5-5 标题文字出场效果

任务二 调整色彩

STEP1:调整色相 / 饱和度

创建新的合成图像,命名为"图片色彩特效合成 2",导入"项目五素材"文件夹中的"02.jpg"图片,如图 5-6 所示。

图 5-6 导入图片素材

在 Timeline 面板中,选中该图层,右击,从快捷菜单中选择 Effect → Color Correction → Hue/Saturation 命令,如图 5-7 所示。

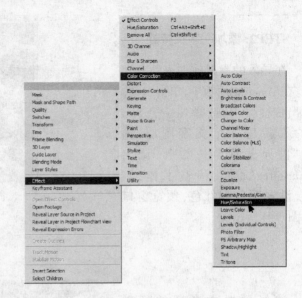

图 5-7　Effect 快捷菜单

色相(Hue)是色彩的首要特征,是区别各种不同色彩的最准确的标准,它实质上是色彩的基本颜色。基本色相有红、橙、黄、绿、蓝、紫,从光学意义上讲,色相差别是由光波波长的长短产生的,人的眼睛可以分辨出约 180 种不同色相的颜色。

提示

关于 Effect 特效插件可在 Effect & Presets(特效和预置)面板中找到,也可在选中图层的情况下从右键快捷菜单中找到。

调整 Effect Controls 面板中 Master Hue 参数,如图 5-8 所示,也就是改变它的颜色,调整到所需的色彩。

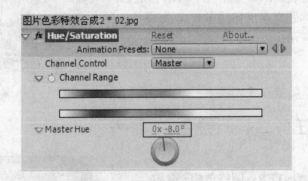

图 5-8　调整色相的参数

图 5-9 所示为图片色相调整的前后对比。

图 5-9　图像经过色相调整后的前后对比

饱和度(Saturation)是指色彩的鲜艳程度,也称色彩的纯度,是色彩构成要素之一。饱和度取决于该色中含色成分和消色成分(灰色)的比例。含色成分越大,饱和度越大;消色成分越大,饱和度越小。纯度越高,表现越鲜明;纯度越低,表现则越黯淡。

图 5-10 调整饱和度的参数

调整 Effect Controls 面板中 Master Saturation 参数,如图 5-10 所示。图 5-11 所示为图像经过饱和度调整前后的效果对比。

图 5-11 图像经饱和度调整后的前后对比

亮度(Lightness)是指图像颜色的明暗度。

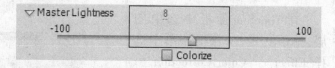

图 5-12 调整亮度的参数

调整 Effect Controls 面板中 Master Lightness 参数,如图 5-12 所示。图 5-13 所示为图片亮度调整的前后对比。

图 5-13 图像亮度调整的前后对比

提示

在调节色相、饱和度和亮度过程中,通过调整其参数大小可体验三个色彩要素对图片效果的影响。

此外,可以根据图像色彩所需的不同来选择通道控制(Channel Control),如图 5-14 所示,在 Effect Controls 面板中进行通道等其他参数的设置。

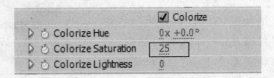

图 5-14　通道控制

提示

Channel Control 用于选择所应用的颜色通道。选择 Master 表示对所有颜色应用,选择 Reds(红色)、Yellows(黄色)、Greens(绿色)、Cyans(青色)或 Blue Magentas(洋红),则对应用的颜色通道进行调节。

STEP2:调整图片亮度

创建一个新的合成图像并命名为"图片色彩特效合成 3",导入"项目五素材"文件夹中的"03.jpg"图片。

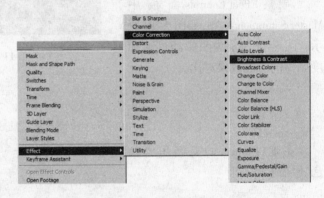

图 5-15　亮度对比度

在 Timeline 面板中选中图层,单击右键,从快捷菜单中选择 Effect → Color Correction → Brightness & Contrast 命令,如图 5-15 所示。

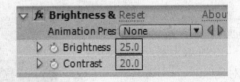

图 5-16　调整亮度的参数

这里的亮度就是调整图片的明暗度。在 Effect Controls 面板中,如图 5-16 所示,调整亮度 Brightness 参数就可以调节图片的明暗度。亮度范围从 0 到 255,共分为 256 个等级。在图 5-17 中,右图为增加亮度后的效果。

图 5-17　图像亮度调整的前后对比

STEP3：添加怀旧效果

通过外挂滤镜 Halide Film 制作怀旧效果。

Halide Film 是一个强大的电影效果调色插件，是由 Amber Visual 公司发布的第一款 AE 插件，这个插件可以为视频增添电影效果，并且速度比同类产品更快。

创建新的合成图像并命名为"图片色彩特效合成 4"，导入"项目五素材"文件夹中的"04.jpg"图片。

由于 Halide Film 为调色插件，首先要将 Halide Film 调色插件安装于 AE 安装目录下的 Support Files\Plug-ins 文件夹中，将其添加到预设特效中，然后就可以如同预设特效一样使用。

在 Timeline 面板中选中图层，在 Effects & Presets 面板中的 Contains 文本框中输入"Halide Film"，找到此调色插件，拖动该特效名称到图片上；也可双击特效名称，将其添加到当前图层，如图 5-18 所示。

图 5-19 为 Halide Film 调色插件的各类属性选项，通过对各类属性参数的调整，达到自己需要的效果。

提示

可参考导论中的色彩模式，进一步了解颜色的原理，使得在图像色彩处理中不会茫然，并且可以更快、更准确地调整颜色。

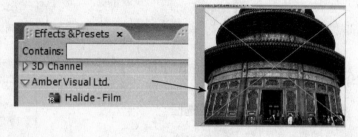

图 5-18　添加调色插件

提示

Halide Film 调色插件并非 AE 唯一的调色插件，在这里只是以此插件进行讲解。

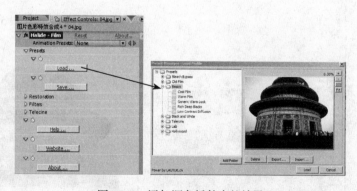

图 5-19　添加调色插件中的效果

单击 Presets → Basics → Warm Film 属性,如图 5-20 所示,调整 Restoration 选项下 Luminance Curve 属性的值。

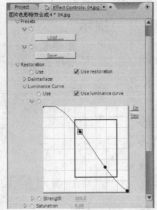
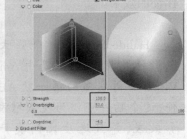

如图 5-21 所示,调整 Gel 选项下 Color 属性的值。

图 5-20　Curve 调整　　　　图 5-21　Color 调整

如图 5-22 所示,调整 Telecine 选项下 Saturation 属性,在更改属性值前选中各个 Use... 复选框。

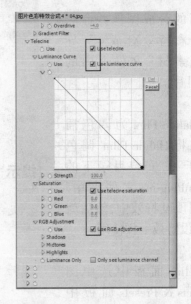

通过以上参数调整,可以将图片最终效果调整为怀旧风格,效果对比如图 5-23 所示。

图 5-22　Saturation 调整

图 5-23　图像调整前后的效果对比

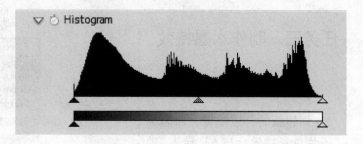

图5-24 直方图

STEP4:调整图片曝光

创建新的合成图像并命名为"图片色彩特效合成5",导入"项目五素材"文件夹中的"05.jpg"图片,从预览窗口中可以看出该图片较暗,明显曝光不足,可以通过直方图调节,达到增加曝光度效果。

直方图(Histogram)是以图形化参数来显示图片曝光精确度的手段,其描述的是图片显示范围内影像的灰度分布曲线。直方图可以帮助分析图片的曝光水平等信息。如图5-24所示,直方图的左边显示了图像的阴影信息,直方图的中间显示了图像的中间色调信息,直方图的右边显示了图像的高亮信息。

在Timeline面板中选中图层,右击,从快捷菜单中选择Effect → Color Correction → Levels命令,分别调整R、G、B通道的色阶,如图5-25所示。

图5-26左图为原图,有点暗,通过直方图调整后的右图,就较为清新、亮丽了。

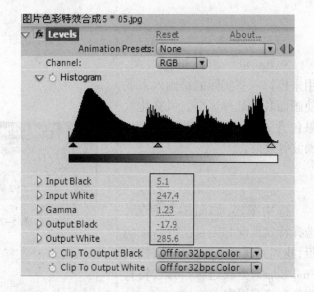

图5-25 调整色阶特效的各参数

提示

一幅比较好的图应该明暗细节都有,在柱状图上就是从左到右都有分布,同时直方图的两侧不会有像素溢出。而直方图的竖轴就表示相应部分所占画面的面积,峰值越高说明该明暗值的像素数量越多。

图5-26 图像色阶调整前后的效果对比

任务三 制作水墨特效

STEP1: 创建素描线条效果

创建新的合成图像并命名为"图片色彩特效合成6",导入"项目五素材"文件夹中的"07.jpg"图片。

Stylize 是一组风格化效果,用来模拟一些实际的绘画效果或使画面具有某种风格。风格化效果包含如笔触、描边浮雕、发光、噪波等效果。

选中图层,如图 5-27 所示,选择特效预设 Effects & Presets 面板,找到并展开 Stylize 属性,找到 Find Edges(查找边缘)特效,将其添加到该图层中。

Find Edges 也称为"勾边效果",通过强化过渡像素产生彩色线条。Invert 用于反向勾边结果。Blend With Original 表示与原图像混合。

在 Effect Controls 面板中可以调整参数,如图 5-28 所示,调节 Blend With Original 的混合比例和 Animation Presets 的模式,最终达到图 5-29 所示的效果。

图 5-27 Find Edges 特效

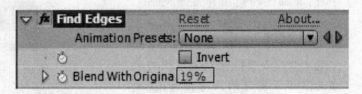

图 5-28 调整 Find Edges 特效边缘参数

图 5-29 添加 Find Edges 特效后的图像

提示

Find Edges 特效强化颜色变化区域的过渡像素,模仿铅笔勾边的效果。

调整色相与饱和度。在 Timeline 面板上选中图层，右键单击，从快捷菜单中选择 Effect → Color Correction → Hue/Saturation 命令；在 Effect Controls 面板上选中 Colorize 复选框，并调整图像的饱和度，即 Master Saturation 值设置为 –100，如图 5–30 所示。去除应用 Find Edges 特效后还剩余的色相，效果如图 5–31 所示。

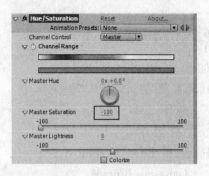

图 5–30　调整色相 / 饱和度

图 5–31　去除所有色相后的图像

调整色阶。在 Timeline 面板上选中图层，右键单击，从快捷菜单中选择 Effect → Color Correction → Levels 命令，修改图像的高亮、暗部及中间色调，如图 5–32 所示，最终得到如图 5–33 所示的效果。

可以看出，应用 Levels 特效后，可以增加黑白的对比，突出水墨画的特点。

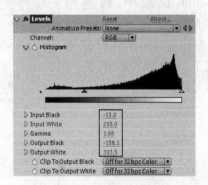

图 5–32　调整色阶参数

图 5–33　添加色阶后的图像

STEP2: 创建墨迹渗出效果

添加模糊效果。按快捷键 Ctrl+D 复制图层，改名为"墨迹渗出"，如图 5-34 所示。选中该图层，右键单击，从快捷菜单中选择 Effect → Blur & Sharpen → Gaussian Blur 命令，如图 5-35 所示，在 Effect Controls 面板中将 Blurriness（模糊）值设置为 20。

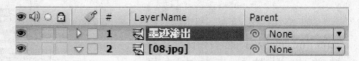

图 5-34　复制图层

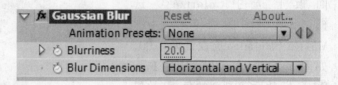

图 5-35　调整模糊参数

增强墨迹效果。选中该图层，右键单击，从快捷菜单中选择 Effect → Color Correction → Curves 命令；在 Effect Controls 面板中，调整图像整体明暗度，如图 5-36 所示。将"墨迹渗出"图层模式设置为 Multiply（正片叠底），如图 5-37 所示，最后效果如图 5-38 所示。

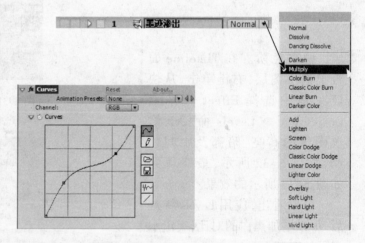

图 5-36　调整曲线参数　　图 5-37　层模式改为正片叠底

图 5-38　添加曲线特效后的图像

STEP3:添加并处理文字

单击菜单 Layer → New → Text 命令,新建文字图层,用竖排文字工具输入文字"最是江南好风景",文字格式设置如图 5-39 所示。

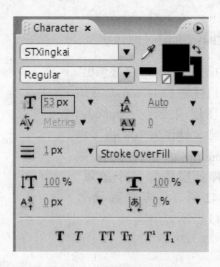

图 5-39　设置文字格式

选中文字图层"最是江南好风景",应用 Effect → Blur & Sharpen → Gaussian Blur 特效,将 Blurriness 值设置为 4,如图 5-40 所示。

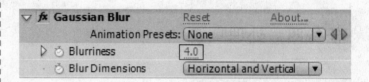

图 5-40　调整模糊参数

导入印章素材,加入图层,并将印章移到合适的位置,如图 5-41 所示。

图 5-41　调整印章的位置

STEP4:添加并处理背景

选中图片图层和"墨迹渗出"图层,按快捷键 Ctrl+Shift+C 重组项目组,图层模式改为 Multiply。导入背景素材图片"08.jpg",添加到 Timeline 面板中的最底层。为背景层添加一个遮罩,如图 5-42 所示,其参数设置如图 5-43 所示。

至此,最终完成水墨画效果制作,如图 5-44 所示。

任务四 处理噪波

STEP1:新建合成

创建新的合成图像并命名为"图片色彩特效合成 7",导入"项目五素材"文件夹中的"06.jpg"图片。将素材拖到 Timeline 面板中。

选中对应图层,单击右键,弹出快捷菜单,选择 Effect → Noise & Grain → Remove Grain(移除颗粒)命令,设置 Remove Grain 属性的参数,如图 5-45 所示。

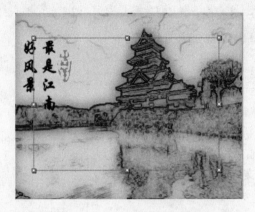

图 5-42 为图像添加遮罩

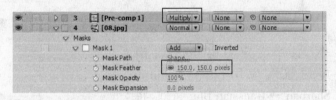

图 5-43 调整遮罩的参数

图 5-44 最终效果

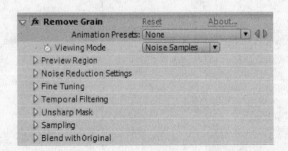

图 5-45 Remove Grain 特效

Remove Grain 是通过视频降噪,用调色的方法可以让感觉上弱化不清晰的镜头变得清晰,移除颗粒,减轻噪波。

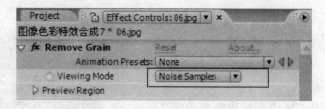

图 5-46 调整查看参数

这个插件的使用通常分为两个步骤。

① 检测噪波。在 Effect Controls 面板中把 Viewing Mode(查看模式)改为 Noise Samples(噪波采样),如图 5-46 所示。展开 Sampling(采样)属性, Sample Selection(采样方式)设置为 Manual(手动),其他参数的调整说明如图 5-47 所示。

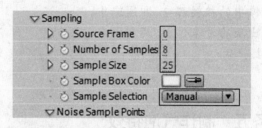

图 5-47 调整检测方式

提示

每张图的噪波消除要具体问题具体分析,不断积累自己的制作经验。

② 选择相关参数然后去除噪波。展开 Noise Reduction Settings(噪波减少设置)属性, Noise Reduction(噪波减少)调整为 0.8。展开 Sampling 属性, Sample Size(采样大小)设置为 25。 Viewing Mode(查看模式)设置为 Final Out(最终输出)模式,如图 5-48 所示。

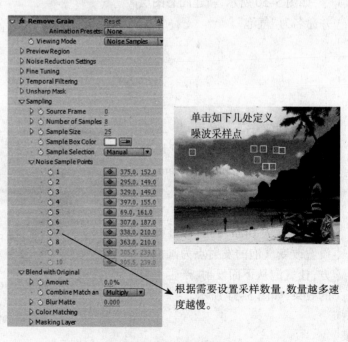

单击如下几处定义噪波采样点

根据需要设置采样数量,数量越多速度越慢。

图 5-48 调整各参数说明

图 5-49 所示为降噪调整前后效果对比。

降噪是指消除数字噪点。噪点是指图片形成过程中将光线作为接收信号接收并输出时所产生的图像中的粗糙部分,即图像中不该出现的外来像素,通常由电子干扰产生。

图 5-49 图像噪波处理的前后效果对比

任务五 制作气泡特效

STEP1:制作气泡

在任务四完成作品的基础上,进行任务五的制作。

在 Timeline 面板上,单击右键,从快捷菜单中选择 New → Solid 命令,如图 5-50 所示,新建固态图层并命名为"气泡"。

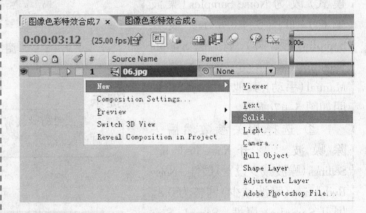

图 5-50 新建固态图层

选择"气泡"图层,单击右键,从弹出的快捷菜单中选择 Effect → Simulation → Foam 命令,弹出 Effect Controls 面板,进行 Foam(泡沫)属性参数设置。View 属性设置为 Draft,同时通过参数设置改变气泡的发射点为画面下方,让气泡从下面发射,产生上升的效果,如图 5-51 所示。

图 5-51 添加泡沫特效

展开 Bubbles（气泡）和 Physics（物理场）属性，如图 5-52 所示，设置气泡的大小、存活时间以及物理场的相关属性值。展开 Rendering（渲染）属性，设置参数如图 5-53 所示。

Foam 是气泡效果插件，一般用于开场画面效果，通过气泡的大小、存活时间以及物理场的相关属性设置，可产生梦幻般的效果。

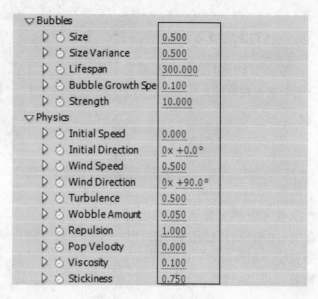

图 5-52 调整各参数

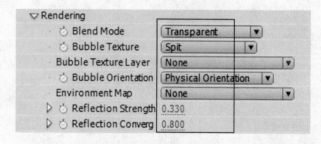

图 5-53 调整各参数

STEP2：制作气泡上升效果

选择"气泡"层，按快捷键 Ctrl+D 键复制出一层，如图 5-54 所示。

选择复制的新"气泡"层，在 Effect Controls 面板中展开 Rendering 属性，修改 Bubble Texture（泡沫纹理）为 Spit（喷吐）类型，如图 5-55 所示。将两个气泡图层通过快捷键 Ctrl+Shift+C 进行重组并命名为"气泡"。

修改完成后，按空格键进行预览，发现产生气泡上升的效果，如图 5-56 所示。

图 5-54 复制"气泡"层

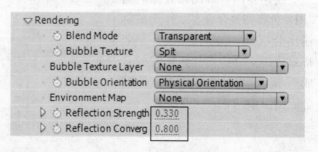

图 5-55 调整各参数

图 5-56 预览效果

STEP3：加入文字

在做好的素材上加入主题文字"跟我一起游世界！"。

参考附带光盘中"项目五作品文件夹"中的视频文件，添加主题文字并制作特效。添加的插件特效，如图 5-57 所示。

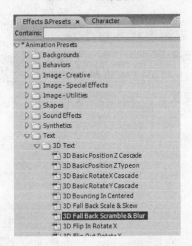

图 5-57 文字动画效果

最终预览效果如图 5-58 所示。

图 5-58 预览效果

任务六 拼合与渲染输出

STEP1：拼合动画

创建新的合成图像并命名为"图片色彩特效合成 8"，作为渲染输出合成层。分别把"图片色彩特效合成 1"至"图片色彩特效合成 7"拖入"图片色彩特效合成 8"合成图像中，如图 5-59 所示。

			1	图片色彩特效合成1
			2	图片色彩特效合成2
			3	图片色彩特效合成3
			4	图片色彩特效合成4
			5	图片色彩特效合成5
			6	图片色彩特效合成6
			7	图片色彩特效合成7

图 5-59 图层放置顺序

按照播放顺序，分别调整"图片色彩特效合成1~7"的顺序，如图5-60所示。

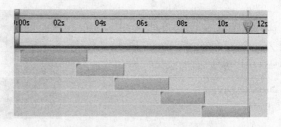

图5-60 调整合成顺序

STEP2:设置转场

淡入淡出转场设置，在"图片色彩特效合成1"与"图片色彩特效合成2"之间设置透明度的关键帧，达到淡入淡出的效果，如图5-61所示。

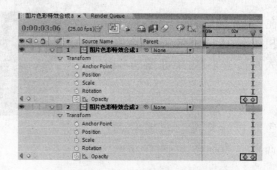

图5-61 淡入淡出关键帧调节

通过预设滤镜可以实现多种转场效果，将图片有机地衔接起来，播放时实现动画的效果。

单击菜单Window → Effects & Presets，显示Effects & Presets面板，如图5-62所示，展开Animation Presets → Transitions-Movement特效组，其中特效均可作为转场特效。

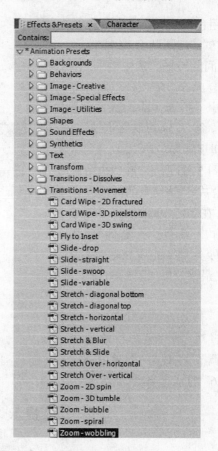

图5-62 转场插件

在"图片色彩特效合成 3"上应用 Zoom-wobbling 特效,实现由小变大选中进入画面效果,效果如图 5-63 所示。

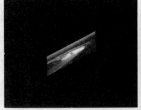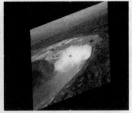

图 5-63　转场插件效果 1

在"图片色彩特效合成 4"上应用 Slide-straight 特效,实现由侧面划入画面效果,效果如图 5-64 所示。

图 5-64　转场插件效果 2

色彩转场就是利用前后两个画面色彩的融合,达到转场的效果。

利用色阶完成"图片色彩特效合成 5"与"图片色彩特效合成 6"之间的转场。选中"图片色彩特效合成 5",在 Effect Controls 面板中选择 Color Correction → Levels 命令,通过特效控制属性设置实现转场。

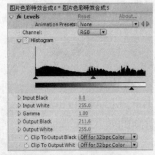

如图 5-65 所示,在"图片色彩特效合成 5"快结束的时候设置关键帧,在 10∶19 秒处将 Output Black(输出黑色)设置为 0,在 11∶06 秒处将 Output Black 设置为221.6,最终效果如图 5-66 所示。

图 5-65　色阶调整

通过对"图片色彩特效合成 5"这样调节,实现与"图片色彩特效合成 6"的水墨效果自然衔接转场。

图 5-66　色阶调整

提示

转场效果多种多样,应根据风格不同的影片设置不同的转场效果。希望初学者多加尝试,灵活运用。

STEP3:渲染输出

选择 Project 面板中的"图片色彩特效合成 8",单击菜单 Composition → Make Movie 命令,系统自动打开 Render Queue 面板。可以看到队列中已经添加了合成图像,如图 5-67 所示。

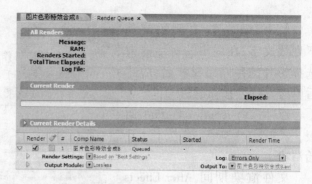

图 5-67　渲染队列

单击队列"图片色彩特效合成 8"旁的三角形,展开渲染选项,根据需要设置参数。

图 5-68　输出模块设置

单击 Output Module 右侧蓝色下划线文字,弹出 Output Module Settings 对话框,如图 5-68 所示,单击 Format(格式)下拉列表,选中在 Adobe Flash Video 选项,弹出参数设置对话框,如图 5-69 所示,在 Preset 下拉列表框中选择 Web Video 选项,其他选项采用默认值,单击 OK 按钮,返回到 Render Queue 面板。

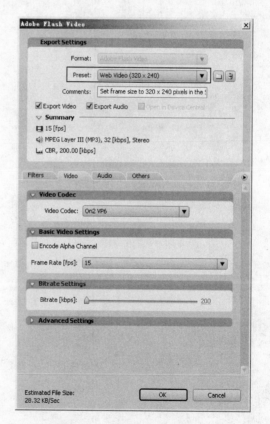

图 5-69　输出视频格式设置

单击 Output To 右侧的蓝色下划线文字,在弹出的对话框中选择影片的存储路径和名称,然后单击"保存"按钮返回。

返回到 Render Queue 面板,单击 Render 按钮,开始渲染。

文件渲染期间,After Effects 在 Render Queue 面板中显示进度条,如图 5-70 所示。

完成渲染后,After Effects 会发出报警音提示。

提示

在项目制作过程中,要养成随时保存的习惯,以保证文件的安全。由于渲染占用较多的系统资源,保存文件可以避免丢失工作成果。

图 5-70 渲染进度

小结与训练

小结

做完以上的练习是否对图像色彩特效制作有了深入的了解？图像的预设特效可以和色相、饱和度、亮度等图像的基本调色方式同时使用。初学者在刚开始调整图像色彩时往往只关注图像效果本身，而忽略了整体的色调。图像色彩特效的应用要配合主题以及素材的需求，不是越绚丽越好。希望初学者能在不断的实践中得到色彩搭配的规律。

思考题

1. 制作图像色彩特效包括哪几个基本步骤？
2. 每个调色插件有何异同？
3. 制作图像色彩特效的方法有哪些？

训练题

1. 根据"项目五训练"文件的图片素材和目标图片，完成图像色彩调整。
2. 以"桂林山水"素材为例，独立完成水墨画效果。
3. 选取自己相册中的一些照片，根据本项目的步骤，完成"我的旅游"视频作品。

项目六　电子相册制作
——影像滤镜特效

项目简介

　　如今数码技术已经在生活中运用得非常广泛,平时我们用数码相机拍摄的照片,如果加以动态效果和背景音乐在家中的大屏幕电视、计算机或者自己的个人主页中播放,相信是非常赏心悦目的一件事情。

　　本项目为一个综合项目,制作过程中包含图片的处理、文字的处理及背景音乐的添加,通过给图片素材添加边框、阴影等特效让图片素材更有层次感,运用位移、旋转、缩放效果给图片增添的运动效果也使电子相册更具动感,重点关注各类特效的综合运用及层层之间的协调处理。通过学习,使读者对 After Effects CS3 制作完整作品有一个较直观的认识,增强特效制作能力,同时对前面一些项目中学习过的文本、图片特效制作技能进行拓展,达到强化与提高。

效果截图

任务一　校正照片颜色

STEP1：新建合成组

单击菜单 File → New → New Project 命令，新建一个项目。

单击菜单 Composition → New Composition 命令，弹出如图 6-1 所示的对话框。在对话框的 Composition Name 文本框中填入"图片处理"，在 Preset 下拉列表框中选择 PAL D1/DV，分辨率为 720×586 像素，时间长度为 1 分钟，其他参数取默认值。

完成后在 Project 面板中右击，新建一文件夹，将项目七素材中的"桃花 .jpg"文件导入到此文件夹中，拖动"桃花 .jpg"文件到 Timeline 面板中，建立一个图层。

STEP2：校色图片

在 Timeline 面板中单击"桃花 .jpg"图层，按 Ctrl+D 组合键复制"桃花 .jpg"图层，选中新复制的图层，在 Timeline 面板中的 Mode 选项中将叠加方式设置 Soft Light（柔光），如图 6-2 所示。

利用 AE 自带的"Curves 滤镜给素材图片进行校色。选中图层，右键单击，快捷菜单中选择 Effect → Color Correction → Curves 命令，调整"挑花 .jpg"图层的色彩曲线，如图 6-3 所示。

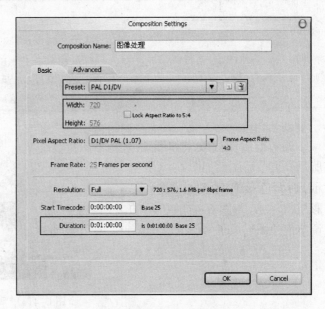

图 6-1　新建合成

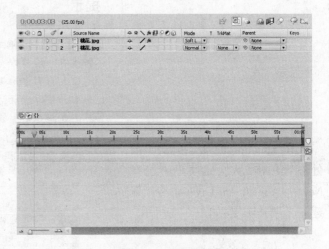

图 6-2　叠加模式

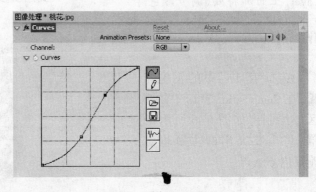

图 6-3　色彩曲线调节

调节前后图片效果如图 6-4 所示。调节后图片如图 6-4(a) 所示，画面色彩饱满、对比强烈、色彩层次丰富，与图 6-4(b) 所示的调节前原图形成了鲜明的对比。

图 6-4(a)　调节后　　　　　　　图 6-4(b)　调节前

在 Timeline 面板左侧空白处右键单击，从快捷菜单中选择 New → Adjustment Layer 命令，新建一个调整图层，如图 6-5 所示。

可以在调整图层 (Adjustment Layer) 上面加特效、调节颜色等，产生的效果只对它下面的图层起作用。

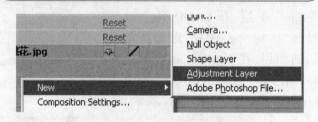

图 6-5　新建调整图层

选择工具栏中的钢笔工具，在 Composition 窗口中的视图区域绘制出如图 6-6 所示的遮罩，将需要突出的主题框选入遮罩内。

图 6-6　绘制遮罩

添加高斯模糊特效。选择图层，右键单击，从快捷菜单中选择 Effect→Blur & Sharpen→Gaussian Blur 命令，如图 6-7 所示。

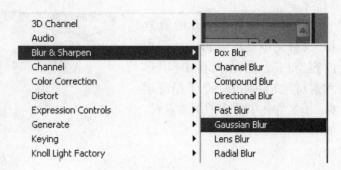

图 6-7　添加高斯模糊特效

Gaussian Blur 称为"高斯模糊"，用于模糊和柔化图像，可以去除杂点，图层的质量设置对高斯模糊没有影响。高斯模糊能产生更细腻的模糊效果，尤其是单独使用的时候。

提示

Blurriness 用于设置模糊程度。Blur Dimensions 设置模糊方向，可以选择 Horizontal and Vertical（同时向两个方向），Horizontal 表示水平方向，Vertical 表示垂直方向。

在 Adjustment Layer 中展开 Masks 属性，将 Mask Feather（遮罩羽化）设置为319，Mask Opacity（遮罩不透明度）设置为80%，勾选 Inverted（反向）选项，展开 Effects 属性，高斯模糊的 Blurriness（模糊）值设置为3，如图6-8所示。

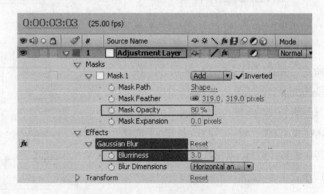

图 6-8　调整参数

为图中添加遮罩，使遮罩层覆盖在整张图片之上。此时已经完成了图片颜色校正，可对比调整好的图片（如图6-9所示）与原始图片之间的差别。

任务二　制作相册背景

STEP1:导入素材

单击 Project 面板中的新建文件夹按钮，新建一个文件夹，并命名为"电子相册素材"。

图 6-9　调整后最终效果

提示

初学者在刚开始校色调试的时候都很盲目，只是知道个大概就上手了。每一张或动态素材校色方法都是不同的，并没有万能的方法。首先要分析原图的画面层次感、色调、对比度等，再利用 AE 特效滤镜来调整。

将素材导入"电子相册素材"文件夹中。双击 Project 面板内容空白处,导入光盘中"项目六素材"文件夹中"电子相册素材"子文件夹中所有的图片素材,如图 6-10 所示。

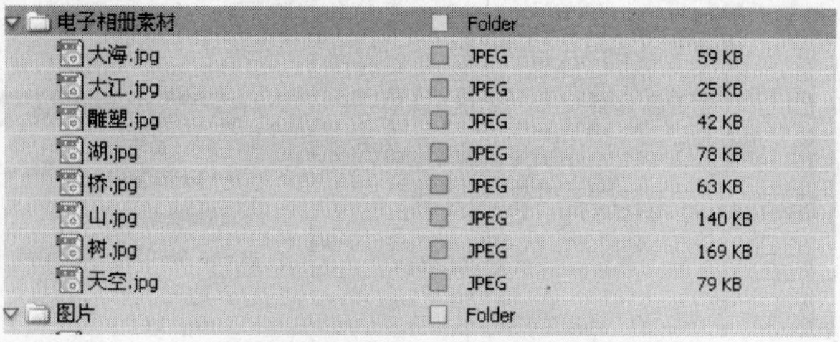

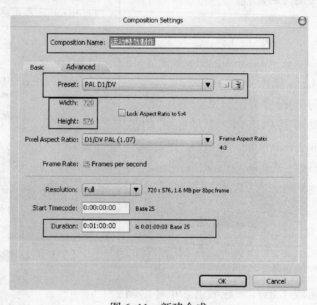

图 6-10　导入电子相册素材

提示

在预览窗口中点选背景层,会出现一个可调节的框用鼠标调节控制点使其与视屏框匹配。

STEP2:制作背景

新建合成图像。单击菜单 Composition → New Composition 命令,弹出如图 6-11 所示的,在 Composition Name 文本框中输入"运动特效制作",Preset 设置为 PAL D1/DV,画面分辨率设置成 720×576 像素,时间长度设置成 1 分。

图 6-11　新建合成

将 Project 面板"电子相册素材"文件夹中的"背景"素材拖入 Timeline 面板中,在预览面板中单击"背景"素材会出现该素材的调节框,调整素材的长宽比例,使其宽高分别为 720、576 像素,如图 6-12 所示。

图 6-12　调整背景

新建调整图层。如图 6-13 所示，在 Timeline 面板中单击右键，从快捷单中选择 New → Adjustment Layer 命令。

右击新建的 Adjustment Layer 图层，从快捷菜单中选择 Effect → Color Correction → Brightness & Contrast 命令。

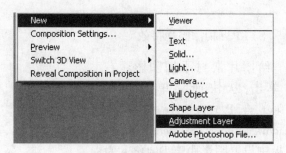

图 6-13 新建调整图层

提示

此步骤中仅仅使用了一种调整方式。在前面学过的图形滤镜，也可以应用到本步骤中。

如图 6-14 所示，在 Brightness & Contrast 选项中调整 Brightness（亮度值）为 -49.4，调整 Contrast（对比度）值为 48。

Brightness & Contrast（亮度和对比度）有两个参数可供调节，主要用于加强素材的对比度和调整材质的明暗度，使素材层次更加清晰。

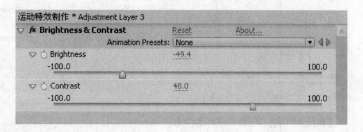

图 6-14 调整图层参数

将图片"桥"拖入 Timeline 面板中，按下 S 键，调节数值，把图片缩放到合适大小。

右键单击，从快捷菜单中选择 Effect → Generate → Stroke 命令，在 Effect Controls 面板中调整 Brush Size（笔刷尺寸）为 30.0，Brush Hardness（笔刷硬度）为 100%，Start（开始值）为 0.0%，End（结束值）为 100.0%，如图 6-15 所示。

Stroke 称为"描边效果"，可以沿路径或遮罩产生边框，可以模拟手绘过程。常用于给图像添加边框，制作沿路径的线段等效果。

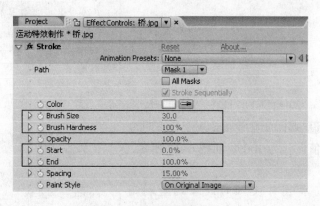

图 6-15 调整图层参数

提示

Transform 的属性可以通过快捷键打开。按 P、R、T、S 键可分别打开位移、旋转、透明度、缩放属性，再次按相应字母键可关闭相应属性。

STEP3:制作照片特效

给图片素材添加阴影。右键单击,从快捷菜单中选择 Effect → Perspective → Drop Shadow 命令。在 Effect Controls 面板中设置阴影距离 Distance 为 0.0,柔化效果 Softness 为 120.0,效果与参数如图 6-16 所示。

Drop Shadow 用于产生"投影效果",是在层的后面产生阴影。产生阴影的形状由 Alpha 通道决定。

照片淡入制作。在 Timeline 面板中单击"桥"图层,按键盘"T"键,设置不透明度值为 0%,将时间指针定位至 0 秒处,设置不透明度关键帧。

图 6-16　投影效果

提示

首次设置关键帧按钮为该项目旁的码表图标 ⓦ,当移动到第二个时间点,调节参数值时,就会自动产生一个关键帧。也可以单击两个肩头中间的菱形图标,来添加关键帧。

把时间指针定位至 1 秒处,设置不透明度关键帧,不透明度值调整为 100%,如图 6-17 所示。

图片淡入的效果就是利用素材的不透明度,使素材不是突然地出现在画面中,而是慢慢地显示在画面中的一种过场方法,在后期编辑中叫做"淡入"。在 After Effects CS3 中也有专门用于过场特效的滤镜来制作淡入效果。

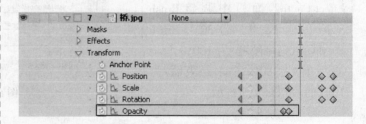

图 6-17　图片淡入关键帧

照片运动特效制作。将时间指针定位至 1 秒处，调整 Position（位置）属性为(362.0, 289.0)并添加 Position 关键帧，如图 6–18 所示。

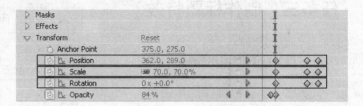

图 6–18　运动特效

将时间指针定位至 5 秒处，分别给属性 Position（位置）、Scale（缩放）、Rotation（旋转）添加关键帧。

将时间指针定位至 7 秒处，调整位置坐标为(600.0, 513.0)，旋转角度为 $1 \times 22°$，缩放比例为 20%，并添加关键帧。

导入附带光盘上素材文件夹中的其他图片，重复 STEP1~ STEP3，调整图片。将每个图片素材的最后关键帧的数值做相应的调整，使最后图片排列的效果显得较为自然。

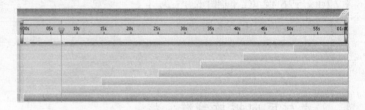

图 6–19　图层排列

调整每张图片素材在 Timeline 面板上出现的时间，如图 6–19 所示，最终效果如图 6–20 所示。

至此，完成了电子相册的大部分制作工作。通过给图片素材添加边框、阴影等特效让图片素材更有层次感，运用位移、旋转、缩放效果给图片增添的运动效果也使电子相册更具动感。可以运用以前学习的特效制作，发挥想象，给素材增添更多的效果，让相册更具动感和个性化。

图 6–20　照片排列效果

任务三　制作标题特效

STEP1：制作消退特效

新建一个合成图像。单击菜单 Composition → New Composition，在 Composition Name 文本框中输入"电子相册合成"，Preset 设为 PAL D1/DV，图像大小设为 720×576 像素，时间长度为 1 分 30 秒，如图 6-21 所示。

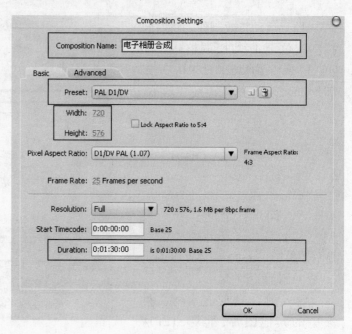

图 6-21　新建合成图像

素材反向播放制作。将 Project 面板中的"运动特效制作"合成图像导入到 Timeline 面板中。为实现图片一张一张从画面中消失的效果，需要把上一任务中制作的"运动特效"合成图像倒过来播放。

单击菜单 Layer → Time → Time-Reverse Layer 命令，如图 6-22 所示。

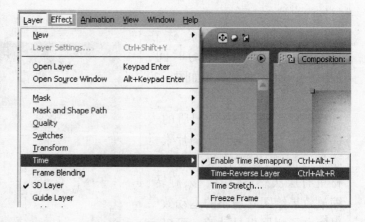

图 6-22　添加素材倒放效果

提示

Time-Reverse Layer 快捷键为 Ctrl+Alt+R。该功能用于将编辑好的合成图像倒放。

STEP2：制作快照效果

利用"运动特效"的快照制作标题的背景。

将时间指针定位至 0 秒处，选 择 菜 单 Composition → Save Frame As → File 命令，如图 6-23 所示，指定文件的保存路径，将文件以"标题背景"为名保存并导入到 Project 面板中。

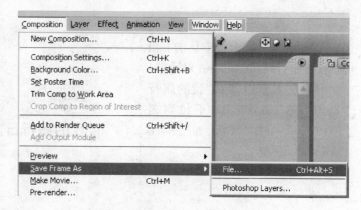

图 6-23　制作快照

保 存 文 件 的 最 终 效 果如图 6-24 所示。

图 6-24　最终效果

STEP3：添加标题

在 Timeline 面板中，新建一个固态图层，并命名为"文字"。

选中"文字"固态图层，单击右键，如图 6-25 所示，从快捷菜单中选择 Effect → Text → Basic Text 命令。

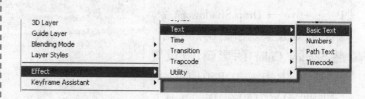

图 6-25　添加基础文字特效

保持选中"文字"固态图层，在 Effect Controls 面板中单击 Edit Text 按钮，弹出 Basic Text 对话框，在内容文本框中输入"我的旅行日志"，在 Font（字体）下拉列表框中选择 SimHei 字体，如图 6-26 所示。

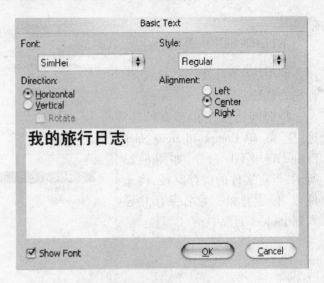

图 6-26　建立文字标题

回到 Effect Controls 面板，在 Display Options（显示选项）下拉列表框中选择 Stroke Over Fill 模式，Fill Color（填充颜色）设置为蓝色（R=88,G=118,B=154），Stroke Color（边框颜色）设置为白色（R=255,G=255,B=255），Stroke Width（边框宽度）设置为 2.5，Size（字体）大小设置为 75.0，如图 6-27 所示。

Basic Text 命令用于生成文本，可以对该文本进行基本编辑和排版，并显示文字效果。

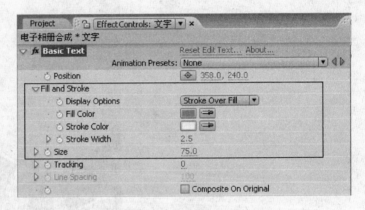

图 6-27　编辑文字特效

给标题文字添加阴影。选中"文字"固态图层，右键单击，从快捷菜单中选择 Effect → Perspective → Drop Shadow 命令，制作投影效果。如图 6-28 所示，将 Shadow Color（阴影颜色）设置为黑色（R=0,G=0,B=0），Opacity（透明度）设置为 50%，Direction（方向）设置为 135.0°，Distance（阴影距离）设置为 5.0，Softness（柔化效果）设置为 0.0。

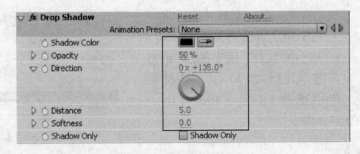

图 6-28　文字阴影参数设置

添加完成后,标题效果如图6-29所示。

图6-29　文字阴影效果

调整标题素材,将Project面板中的标题背景素材导入到Timeline面板中,把鼠标移动到素材尾端当鼠标箭头变成双箭头图标时,拖动背景素材,将素材时间控制为8秒。

如图6-30所示,用同样的方法调整"文字"固态图层的时间长度,使之与"标题背景素材"的时间长度相同。

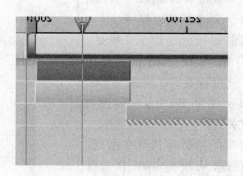

图6-30　调整素材时间长度

给标题文字添加淡出淡入效果。把时间指针定位至0秒处,在Timeline面板中展开"文字"固态图层左侧的小三角形,展开"文字"固态图层下的Transform小三角形,将透明Opacity设置为0%,建立关键帧。把时间指针定位至1秒处,如图6-31所示,展开Transform属性,将Opacity设置为100%,添加关键帧。把时间指针定位至7秒处,展开Transform属性,将Opacity设置为100%,添加关键帧。

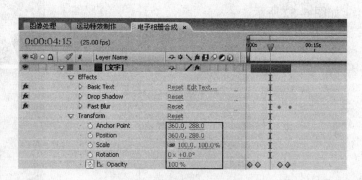

图6-31　淡出淡入参数

把时间指针定位至8秒处，展开 Transform 属性，将 Opacity 设置为0%，添加关键帧。

Transform 即"变换效果"，用于在图像中产生二维的几何变换，从而增加了层的变换属性。

标题模糊特效制作。在标题文字淡入淡出的时候配合模糊特效，营造文字缓缓渗透消失的效果。

选中"文字"固态图层，单击右键，从快捷菜单中选择 Effect → Blur & Sharpen → Fast Blur 命令，添加快速模糊特效。

将时间指针定位至7秒处，单击右键，从快捷菜单中选择 Effect → Blur & Sharpen → Fast Blur 命令，并将 Blurriness 设置为0，建立关键帧。

将时间指针定位至9秒处，单击右键，从快捷菜单中选择 Effect → Blur & Sharpen → Fast Blur 命令，并将 Blurriness 设置为380，建立关键帧。各步骤的效果如图6-32所示。

提示

Transform 参数的含义：

Anchor Point 表示锚点；Position 表示位置；Scale 缩放包括 Height(高度)缩放和 Width(宽度)缩放；Skew 表示倾角；Skew Axis 表示倾斜轴线；Rotation 表示旋转方向；Opacity 表示不透明度；Shutter Angle 表示快门角度设置，由此决定运动模糊的程度。

图6-32　各步骤效果图

将各素材进行组合。将Project 面板中的"运动特效制作"合成图像拖入时间轴中并放置于底层。调整该层与"文字"固态层和背景层的位置关系，如图6-33所示。

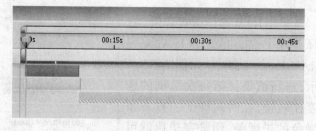

图6-33 图层位置关系

任务四 拼合与渲染输出

STEP1:添加背景音乐

如图6-34所示，新建合成图像，命名为"合成输出"，选择PAL D1/DV 制式，图像大小为720×576 像素，时间长度为1分30秒。

将"电子相册合成"合成图像导入时间轴中。

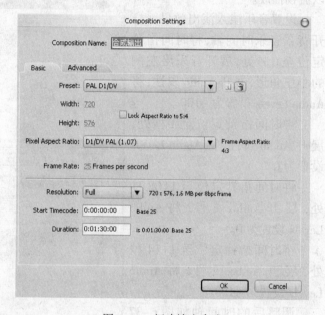

图6-34 新建输出合成

导入配套光盘中"项目六素材"文件夹下"音乐"文件夹中的两首MP3 格式的音乐至Project 面板，并拖动音乐素材到时间轴中，如图6-35所示。

提示

After Effects 支持的音频文件格式有多种，具体介绍见导论。应根据需要选择格式。

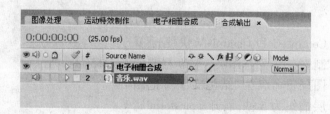

图6-35 添加音乐图层

提示

按下空格预览，虽然画面在动但听不到任何声音，这是因为在After Effects 中，声音文件只有在预览渲染后才能被播放。

采用 RAM 渲染试听音乐。选择菜单 Composition → Preview → RAM Preview 命令，如图 6-36 所示，进行渲染。第一次渲染的速度比较慢，在时间轴上还有一条绿色的进度条，预览完毕后就可以流畅播放。

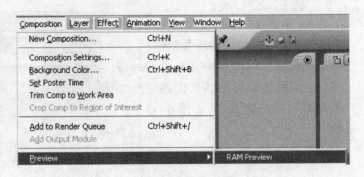

图 6-36　RAM 预览

设置音乐淡入淡出效果。打开背景音乐时间轴，将时间指针定位至 0 秒处，展开音乐层左侧的小三角形，展开 Audio 属性，将 Audio Levels 设置为 -100。

将时间指针定位至 1 秒处，展开 Audio 属性，将 Audio Levels 设置为 0。

将时间指针定位至 1:08 秒处，展开 Audio 属性，将 Audio Levels 设置为 0。

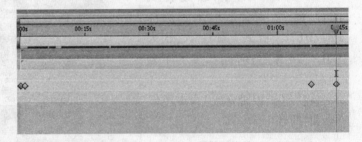

图 6-37　音乐淡入淡出

将时间指针定位至 1:14 秒处，展开 Audio 属性，将 Audio Levels 设置为 -100。

调整后的时间轴如图 6-37 所示。

STEP2：编辑片尾文字

选中"文字"固态图层，通过 Control+C 和 Control+V 快捷键复制"文字"固态图层。将新复制的图层重命名为"结尾文字"，把图层缩短为 5 秒；展开 Transform 属性，调整 Opacity 的关键帧位置，如图 6-38 所示。

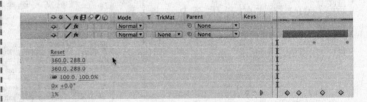

图 6-38　片尾文字

单击时间轴中的"电子相册合成"标签，返回到该合成图像中；复制"文字"图层，重命名为"片尾"；展开图层属性，打开 Edit Text 对话框，在对话框中将文字内容修改为"完"，调整图层位置如图 6-39 所示。

返回"合成输出"，移动时间指针可以预览到刚才添加的片尾文字已经出现在合成图像中。

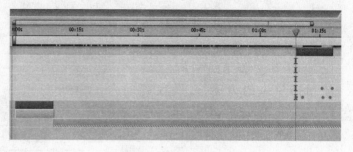

图 6-39 添加片尾文字

STEP3:渲染输出

单 击 菜 单 Composition → Composition Settings，如图 6-40 所示，在弹出的对话框中将时间长度改为"0:01:30:00"，单击 OK 按钮返回。

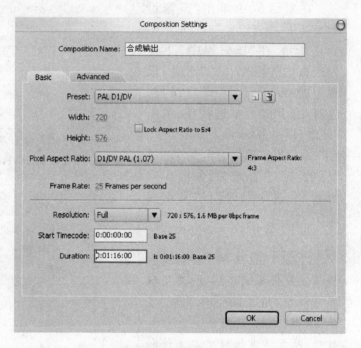

图 6-40 修改合成参数

单 击 菜 单 File → Export → AVI 命令，如图 6-41 所示。AVI 是选择输出的视频格式，用户可以根据自己的需求而定。

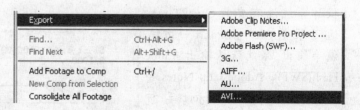

图 6-41 输出格式

在弹出的对话框中点选视频设置，如图6-42所示，选择压缩类型选择D1/DV PAL，最佳扫描模式选为逐行，设置宽高比为4:3，单击OK按钮返回Composition Setting对话框。

在对话框中单击"声音设置"，打开"声音设置"对话框如图6-43所示，在"压缩程序"下拉列表框中选择"无"，"速率"设置为22.05 kHz，大小设为16位，选择"单声道"单选按钮，单击"确定"返回。

根据提示确定输出文件的保存路径后，开始渲染，如图6-44所示，经过一段时间渲染就完成了。

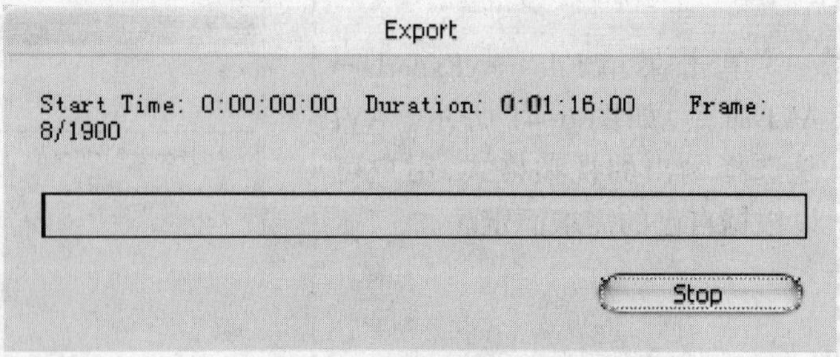

QuickTime是苹果公司提供的系统及代码的压缩包，应用程序可以用QuickTime来生成、显示、编辑、复制、压缩影片和影片数据，就像通常操纵文本文件和静止图像那样。QuickTime包括影片工具箱、图像压缩两个管理器以及内置的一套组件。如果操作系统没有安装QuickTime，通过菜单File → Export → 方式渲染输出，只能默认输出Adobe Flash(SWF)、Adobe Clip Notes和Adobe Premiere Pro Project三种格式，并且支持的视频素材很有限，因此，在使用AE前需安装QuickTime。

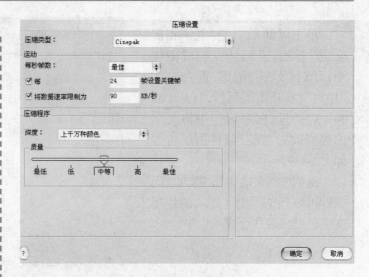

图6-42 视频设置

提示

AVI格式输出界面为中文原因是因为操作系统中安装了中文版的QuickTime。

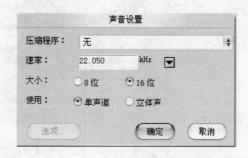

图6-43 音频设置

图6-44 渲染输出

小结与训练

小结

本项目为较基本的综合项目,通过对图片特效、文字特效加以声音合成制作完成了一个较简单的作品。在制作过程中学习了通过一些常用滤镜来实现各种效果,如高斯模糊、描边校果、投影效果、变换效果等,同时对声音的简单处理也提供了一些方法与技能,让读者更完整地了解 AE 作品的制作流程。

通过本项目的制作,既掌握了 AE 的一些基本技能,又掌握了电子相册制作的另一途径。

思考题

1. 素材主体不突出,与背景分不开(分不出主次,混成一片)可以用哪些滤镜来改善?

2. 在图片运动的制作中,关键帧起到什么作用?

3. 图片合成中声音的淡入淡出通过什么方法来制作?

训练题

1. 找一张日常生活中拍摄得不理想的数码相片,对其进行色彩校正。

2. 收集一次旅行的数码相片,将其制作成电子相册。要求:有明确的主题,图片不少于 10 张,有声音效果和完整的片头片尾字幕。

项目七 "舞动人生"
——片头特效合成

项目简介

　　片头制作是 After Effects CS3 主要用途之一，也是在实际项目制作中应用较广泛的领域。婚庆片头、电视栏目片头、电影片头、广告片头等的部分特效均可通过 After Effects CS3 来制作。本项目就是通过运用 After Effects CS3 来制作一个片头，其中用到了许多 After Effects CS3 自带特效滤镜和外挂的滤镜插件，协同工作来完成整个项目。

　　"舞动人生"属综合特效制作项目，通过心电图跳动效果、冲击波效果、字体运动效果、粒子动态等效果，结合背景音乐合成完成整个"舞动人生"片头的制作。通过片头的制作，了解 After Effects CS3 综合特效制作的一般过程，并重点学习 After Effects CS3 自带的 Vegas、Particle Playground、Fast Blur 等特效滤镜，也对外挂滤镜的使用进行强化训练。

效果截图

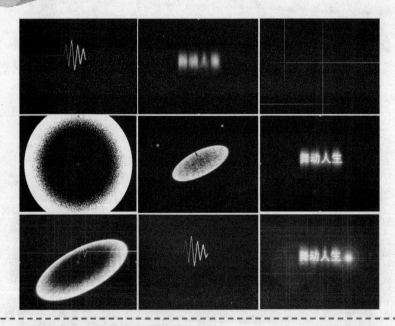

任务一　制作心电图前景

STEP1:新建合成

单击菜单 File → New → New Project 命令,新建一个项目。

单击菜单 Composition → New Composition 命令,在 Composition Name 文本框中填入"心电图", 在 Preset 下拉列表框中选择 PAL D1/DV,分辨率设为 720×586 像素,时间长度为 30 秒,其他参数采用默认值,如图 7-1 所示。

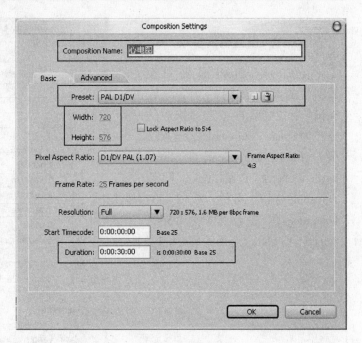

图 7-1　新建合成

STEP2:添加描边图层

在 Project 面板中双击,导入配套光盘中"项目七素材"文件夹中的"心跳 .jpg"文件,将"心跳 .jpg"文件拖入时间轴。

在 Timeline 面板中单击右键,通过快捷菜单命令新建一个固态图层,采用默认图层名;选中固态层,右击弹出快捷菜单,如图 7-2 所示,选择 Effect → Genetate → Vegas。

Vegas 是一个可以沿图像边缘或者指定的路径进行描边的特效滤镜。一般用来制作光线,它可以在物体的周围产生出一种类似于娱乐场所中的灯光效果,可以利用此特效来勾勒出物体的轮廓并通过动画效果使轮廓光绕着物体运动。

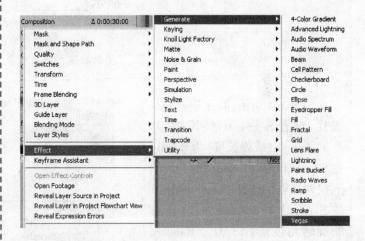

图 7-2　添加 Vegas 特效

STEP3:设置属性参数

在 Effect Controls 面板中设置对应的参数,如图 7-3 所示,在 Stroke 下拉列表框中选择描边的方式为 Image Contours(图像轮廓);展开 Image Contours 属性,Input Layer 设置为"心跳 .jpg"。调整 Threshold(描边阈值)为 127.00、Tolerance(像素容差)为 0.500、Selected Contour(选择轮廓)为 1。

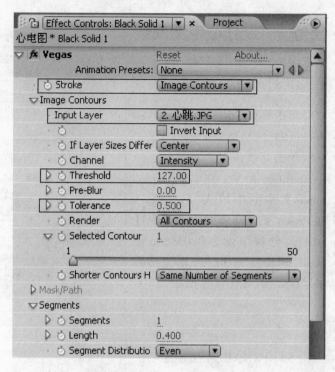

图 7-3 Vegas 参数设置

提示

> Vegas 是描边特效的一种,可以自动捕捉图像的暗、亮部分。因此,通常需要一张对比比较强烈的图像来作为 Vegas 插件的边界捕捉对象。

如图 7-4 所示,展开 Segments 属性,设置 Segments(线段数量)为 1、Length(线段长度)为 0.400,在 Segment Distribution(线段分布)下拉列表框中选择表示平均分布的 Even,设置 Rotation(描边分段的旋转角度)为 137.0°、Random Seed(随机种子数量)为 1。

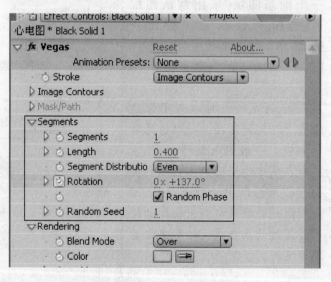

图 7-4 Segments 参数设置

展开 Rendering 属性, 如图 7-5 所示, 修改参数如下。

滤镜与当前层图像的混合模式 (Blend Mode) 选择在当前图像中显示描边效果, 即选择 Over 模式; Color (颜色) 设置为 (R=41, G=212, B=219), Width (轮廓宽度) 设置为 4.4, Hardness (笔触硬度) 设置为 0.35, Hardness 较小的值可羽化轮廓边缘。描边分段的开始不透明度即 Start Opacity 设置为 0.77, 中间点的不透明度即 Mid-point Opacity 设置为 -0.050, 中间点的位置即 Mid-point Position 设置为 0.5, 描边分段的结束不透明度即 End Opacity 设置为 0。

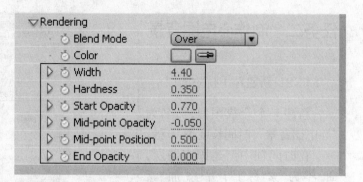

图 7-5　Rendering 参数设置

提示

Blend Mode 选项中 Under 表示在图像以下渲染描边效果; Stencil 表示以描边边缘轮廓为界, 以外的区域透明显示, 以内的区域为当前图像。

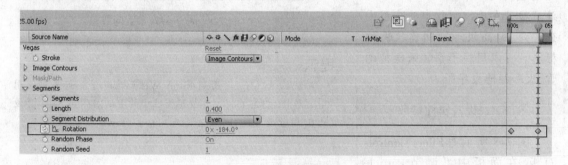

图 7-6　动画关键帧设置

如图 7-6 所示, 在 Timeline 面板中选择 Effect → Segments → Rotation 属性, 将时间指针定位至 0 秒处并添加关键帧; 将时间指针定位至 3 秒处, 将 Rotation 设置为 -184.0° 并添加关键帧。

预览特效, 如图 7-7 所示, 可看到心电图效果。

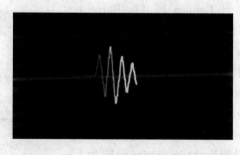

图 7-7　心电图动画展示

提示

Vegas 属性参数的不同设置会产生意想不到的效果。在制作过程中, 应根据需要进行设置。

任务二　制作心电图背景

STEP1:新建粒子特效图层

新建一个合成图像,命名为"心电图背景",时间长度为10秒。

在时间轴中新建固态图层,命名为"素材1",并添加"素材1"粒子效果。在时间轴上单击右键,从快捷菜单中选择Effect → Simulation → Particle Playground 命令,打开 Effect Controls 面板。

Particle Playground 是"粒子场",也就是 AE CS3 中的粒子特效。粒子在后期制作中的应用十分广泛,是高级后期制作软件的标志。可以用粒子系统来模拟雨雪、火和矩阵文字等。

STEP2:设置属性参数

图7-8所示为 Effect Controls 面板,在面板中可调节 Particle Playground 特效的各类参数。

展开 Cannon 属性,Barrel Radius(桶半径)设置为500.00,Particles Per Second(每秒产生粒子数目)设置为10.00,Direction Random(方向随机性)设置为3.00,Velocity(初始速度)设置为50.00,Velocity Random Spread(速度随机分布)设置为20.00,Color 设置为纯白色,Particle Radius(粒子半径)设置为1.60。

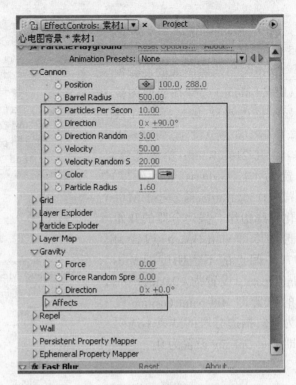

图7-8　粒子特效参数调节

提示

默认情况下,使用 Cannon 属性产生粒子。如果要使用 Gird 属性,则需要将 Cannon 属性中的 Particle Per Second 设为0,同时设置适当的 Particles Across/Down 数值。

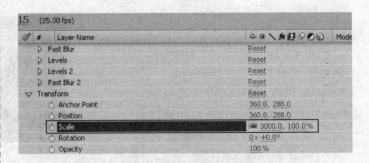

图7-9　调整 X 轴缩放值

展开 Gravity（重力）属性，Force 值设置为 0。

打开 Timeline 面板，展开时间轴中"素材 1"固态图层的 Transform 属性，如图 7-9 所示，将 Scale 沿 X 轴的放大比例设置为 3000.0%，此时在预览面板中的效果发生了变化。

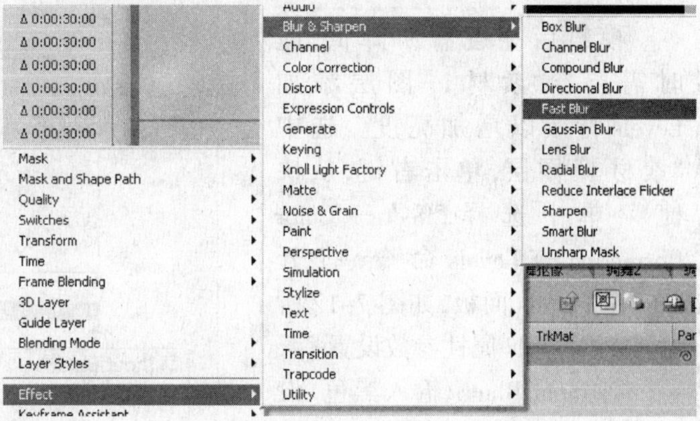

图 7-10 添加 Fast Blur 特效

提示

通过 Fast Blur 特效设置，可以实现粒子拉伸效果；通过参数设置，实现模糊效果。

STEP3：添加模糊特效

在 Timeline 面板中，选中"素材 1"图层，单击右键，从快捷菜单中选择 Effect → Blur & Sharpen → Fast Blur 命令，如图 7-10 所示，打开 Effect Controls 面板，如图 7-11 所示，将 Fast Blur（快速模糊）特效的 Blurriness（模糊）值设置为 40.0，将 Blur Dimensions（模糊方向）设置为 Horizontal（水平）。

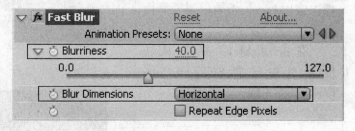

图 7-11 调整 FastBlur 参数

提示

在 Blur Dimensions 属性的选项中，Vertical 表示选择垂直方向模糊，而 Horizontal and Vertical 参数表示同时选中两个方向进行模糊。

提示

Fast Blur 称为"快速模糊"，用于设置图像的模糊程度。它和 Gaussian Blur 十分类似，而它在大面积应用的时候速度更快。

模糊后亮度有所降低,此时需要给"素材1"图层添加Levels特效以增加亮度。选中"素材1"图层,单击右键,从快捷菜单中选择 Effect → Color Correction → Levels 命令,打开Effect Controls 面板,如图 7-12 所示,进行 Levels 属性参数设置。

将 Input Black(输入黑色)设置为 0,Input White(输入白色)设置为 255.0,Gamma 设置为 1.00,以达到一定的对比度。将 Output Black(输出黑色)设置为 0.0,Output White(输出白色)设置为255.0。

再次查看预览面板中的画面,会发现对比还不够强烈,需要再次应用 Levels 特效以增强画面对比。

右击"素材1"图层,从快捷菜单中选择 Effect → Color Correction → Levels 命令。

调整 Levels 参数:Input Black设置为 0,Input White 设置为255.0,Gamma 值调整为 5.0,以增强对比度;Output Black 设置为0.0,Output White 设置为 255.0。

如图 7-13 所示,画面的对比效果明显增强,如果不足可进一步增强效果。

为了让画面效果更为柔和,可以再次为"素材1"图层添加Fast Blur 特效,以达到满意的柔和效果。

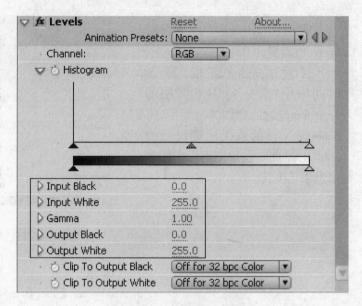

图 7-12 调节 Levels 数值

提示

Levels 滤镜特效是一个可以重复使用的特效。当画面效果不够明显,但数值又无法增大的时候可以通过重复应用该特效来增强效果。

图 7-13 增强画面对比

根据前面的调整 Fast Blur 属性参数方法，Blurriness 设置为 1，Blur Dimensions 设置为 Horizontal，如图 7-14 所示，达到理想的柔和效果。

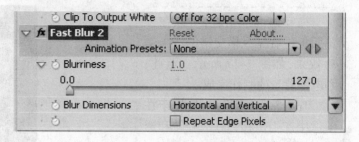

图 7-14　添加 Fast Blur 特效

STEP4：制作纵向线条

通过预览，可以看到背景中有了横向线条效果。用同样的方法可以完成纵向线条的特效效果。

提示

AE CS3 下的模糊滤镜有很多，每种模糊滤镜各自有特点。在做视频特效的时候，可以采用合适的模糊滤镜特效，也可以通过几种不同模糊滤镜的组合来实现。

选中"素材 1"图层，按快捷键 Ctrl+C 复制"素材 1"图层，按快捷键 Ctrl+V 粘贴得到"素材 2"图层，如图 7-15 所示。

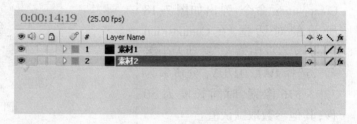

图 7-15　添加素材 2 图层

在 Timeline 面板中选中"素材 2"图层，如图 7-16 所示，展开图层属性，继续展开 Transform 属性，设置旋转角度（Rotation）为 90°。

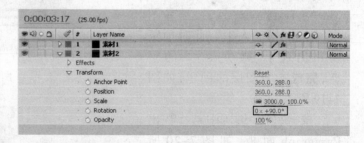

图 7-16　调节 Rotation 参数

提示

Anchor Point 用于设置定位点。Position 用于设置位置。Scale 用于设置缩放比例，Height/Width 用于设置高度／宽度缩放比例。 Skew 用于设置倾角大小。 Skew Axis 用于设置倾斜轴线。 Rotation 用于控制旋转方向。 Opacity 用于调节不透明度。 Shutter Angle 用于设置快门角度，由此决定运动模糊的程度。

拖动时间线滑杆,可以在预览面板中看见纵横交错的线条运动效果,如图7-17所示。至此,心电图背景的制作完成。

Transform(变换)属性用于在图像中产生位移、缩放、旋转和透明度的特效设置。

任务三 添加片头文字

STEP1:添加文字

单击菜单Composition → New Composition命令,弹出如图7-18所示的对话框,在Composition Name文本框中输入"舞动人生字幕",选择PAL D1/DV,分辨率为720×576像素,时间长度为30秒,其他参数取默认值。

在Timeline面板中,单击右键,从快捷菜单中选择New → Text命令,新建文字图层,输入"舞动人生",此时预览窗口出现了"舞动人生"的字样,完成文字图层的创建,如图7-19所示。

按快捷键Ctrl+7调出Paragraph面板,如图7-20所示,设置文字左对齐,文字大小设为36 px,其他参数采用默认设置。

图7-17 线条运动效果

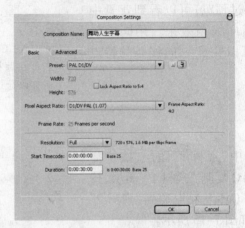

图7-18 线条运动效果

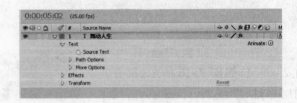

图7-19 新建文字图层

图7-20 设置文字格式

STEP2：制作文字卡片特效

通过 Card Wipe 滤镜来体现文字的卡片特效。

选中"舞动人生"图层，单击右键，从快捷菜单选择 Effect → Transition → Card Wipe 命令，调出 Effect Controls 面板，如图 7-21 所示，进行参数设置。将 Transition Completion（擦除程度）设置为 16%，Transition Width（擦除宽度）设置为 50%，设置 Back Layer（背景图层）指向"舞动人生"。在 Rows & Columns 下拉列表框选择 Independent。Rows（行）设置为 1，Columns（列）设置为 20，Card Scale（卡片缩放比例）设置为 1.00，设置翻转坐标 Flip Axis（翻转轴）设置为 Y 轴，Flip Direction（翻转方向）设置为 Negative，Flip Order（翻转顺序）为 Left to Right（从左往右）。调整卡片翻转时的随即时间偏差值（Timing Randomness）为 0.29，Random Seed（随机种子）为 1，Camera System（摄像机系统）为 Camera Position（摄像机位置）。

展 开 Camera Position 属性，设置 X、Y、Z 轴的角度如图 7-21 所示。分别在 Card Scale、X Rotation、（X，Y Position）、Z Position 处添加关键帧。调整时间滑杆至 4 秒处，将 Card Scale 调整为 1.00，X Rotation 调整为 1×+358.0°，Z Position 调整为 1.33，完成文字卡片特效制作。

提示

Card Wipe 滤镜是 AE 的优秀外挂插件之一，项目三中曾介绍过，该特效滤镜参数较多，深入学习后可以做出更多出色的效果。

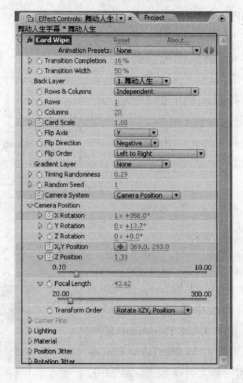

图 7-21　调整 Card Wipe 参数

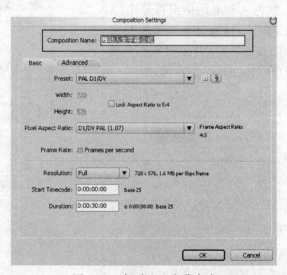

图 7-22　舞动人生字幕合成

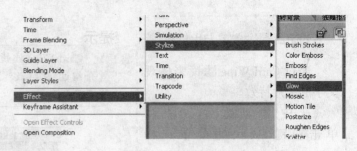

STEP3：添加扩散光特效

选择菜单 Composition → New Composition 命令，新建一个合成图像并命名为"舞动人生字幕合成"，如图 7-22 所示。

在 Project 窗口中，将"舞动人生字幕"合成图像拖到时间轴上进行编辑。

选择时间轴上的"舞动人生字幕"图层，单击右键，从快捷菜单中选择 Effect → Stylize → Glow 命令，如图 7-23 所示。

图 7-23 添加 Glow 特效

提示

Glow 特效滤镜在制作发光特效的时候应注意其参数的控制，当发光效果过于强的时候会产生曝光的现象，适合参数可以让画面飘逸、灵动的效果，视觉上增添了些许神秘、温暖的感觉。

如图 7-24 所示，在 Effect Controls 面板中设置 Glow 滤镜的属性。其中，Glow Threshold（发光阈值）设置为 51.0%，Glow Radius（发光半径大小）设置为 21.0，Glow Intensity（发光密度）设置为 2.8，颜色 A 和 B 的中点百分比（A&B Midpoint）为 50%。颜色 A 为黄色（R=246，G=52，B=7），颜色 B 为红色（R=239，G=221，B=0）。

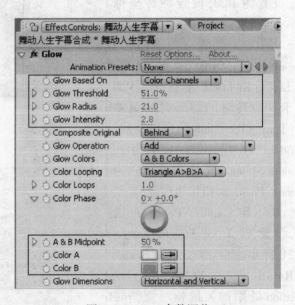

图 7-24 Glow 参数调节

STEP4：添加模糊特效

在 Timeline 面板中选择"舞动人生字幕"图层，按 Ctrl+D 快捷键复制该图层，重命名为"舞动人生字幕2"。

选择新复制的"舞动人生字幕2"图层，单击右键，选择 Effect → Blur & Sharpen → Directional Blur 命令，如图 7-25 所示，在弹出的 Effect Controls 面板中，展开 Directional Blur（方向模糊）参数栏，设置 Blur Length（模糊长度）数值为 71.0，如图 7-26 所示。

提示

Directional Blur 方向模糊，可以很好地模拟出往一个方向模糊拉伸的效果。模糊之后画面会增添动感，故又称运动模糊。

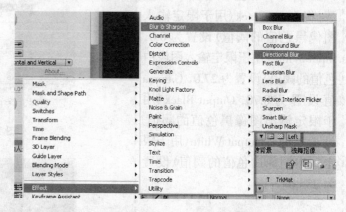

图 7-25　Directional Blur 滤镜

图 7-26　Directional Blur 参数

提示

Directional Blur（方向模糊）特效不同于 Timeline 面板中的 Directional Blur 开关，Directional Blur 开关是针对某个图层的运动画面进行补偿的工具。

此时画面也发生了较大的变化，在垂直方向上产生了模糊的效果并向上下两个方向延伸，如图 7-27 所示。

Directional Blur 特效在项目三中曾使用过，这是一种动感十足的模糊特效果，可以产生任何方向的运动幻觉。当图层为草稿质量的时候，应用图像边缘的平均值；最高质量的时候，应用高斯模糊，产生平滑、渐变的模糊效果。

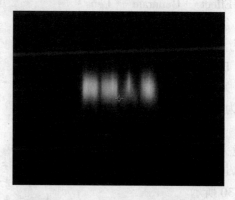

图 7-27　Directional Blur 后效果

增加模糊后的亮度。选中"舞动人生字幕 2"图层,右键单击,从快捷菜单中选择 Effect → Color Correction → Levels 命令。如图 7-28 所示,调整参数 Levels 参数:将 Input Black(用于限定输入图像黑色值的阈值)设置为 0.0, Input White(用于限定输入图像白色值的阈值)设置为 27.0, Gamma 值设置为 0.70, Output Black(用于限定输出图像黑色值的阈值)设置为 0.0, Output White(用于限定输出图像白色值的阈值)设置为 255.0。

预览面板中画面发生了较为明显的变化,最终调节效果如图 7-29 所示。

STEP5:添加光晕特效

通过 Lens Flare 滤镜来实现光晕效果。

在 Timeline 面板中新建固态图层并命名为"光晕",调整模式为叠加模式(Add)。选中"光晕"图层,右键单击,从快捷菜单中选择 Effect → Generate → Lens Flare 命令,将时间指针定位至 5 秒处,为 Flare Center(光斑中心)和 Flare Brightness(光斑亮度)属性添加关键帧并将 Flare Center 设置为(172.0,278.0),将 Flare Brightness 设置为 0%,选择 Lens Type(镜头类型)为 35 mm Prime, Blend With Original 设置为 0%, 如图 7-30 所示。

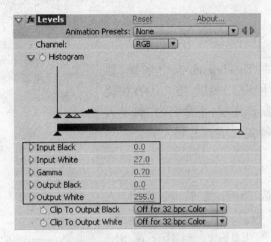

图 7-28　Levels 参数设置

图 7-29　最终效果展示

图 7-30　Lens Flare 参数调节

提示

Lens Flare(镜头光斑)滤镜有几种不同类型的光斑效果可供选择。调节 Lens Type 下不同焦距的镜头,就可以得到不同的光斑效果。在制作时,可以调整镜头光斑类型,找到自己满意的光斑效果,添加给编辑的视频。

将时间滑杆调节到 5.5 秒处，将 Flare Brightness 调节为 87%，并添加关键帧。将时间滑杆调节到 7 秒处，将 Flare Center 设置为 (818.0,256.0)，添加关键帧，如图 7-31 所示。

图 7-31 光晕关键帧

Lens Flare 称为"镜头光斑"，用于模拟镜头照到发光物体上。由于经过多片镜头能产生很多光环，故成为后期制作中经常使用的提升画面效果的手段。

STEP6：添加渐变背景

在 Timeline 面板中新建固态图层并命名为"背景"。选中"背景"图层，右键单击，从快捷菜单中选择 Effect → Generate → Ramp 命令，如图 7-32 所示，添加渐变特效。

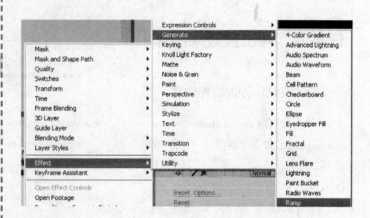

图 7-32 添加 Ramp 滤镜

按图 7-33 所示调节 Ramp 渐变特效滤镜参数。Start of Ramp（渐变起点）设置为 (225.0,194.0)，Start Color（渐变开始颜色）设置为棕色（R=80,G=5,B=5），End of Ramp（渐变终点）设置为 (451.0,562.0)，End Color（渐变结束颜色）设置为深色（R=27,G=2,B=2），Ramp Shape（渐变形状）选择 Radial Ramp（放射渐变），Ramp Scatter（渐变扩散）设置为 95.0，Blend With Original 设置为 16.0%。

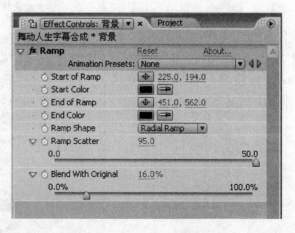

图 7-33 Ramp 参数调节

关于片头的文字部分的工作制作完成,可以通过滑动时间滑杆观察预览框中的效果。

Ramp渐变滤镜是通过两种色彩之间的过渡,产生一种色彩上平滑过渡的效果。在该滤镜中也有多种渐变方式,如放射渐变、斜向渐变等。

任务四 冲击波效果制作

STEP1:制作冲击波外轮廓

单击菜单 Composition → New Composition 命令,新建一个合成图像,命名为"冲击波",选择PAL D1/DV,分辨率为720×586像素,时间长度为30秒,如图7-34所示。

在Timeline面板中新建一个名为"冲击波"的固态图层,如图7-35所示,单击Make Comp Size按钮使其与合成图像的尺寸相同。

提示

在做渐变背景的时,开始颜色和结束颜色的选择是关键,通常会选择两种对比色或者同一颜色的不同明度来进行渐变背景的制作。

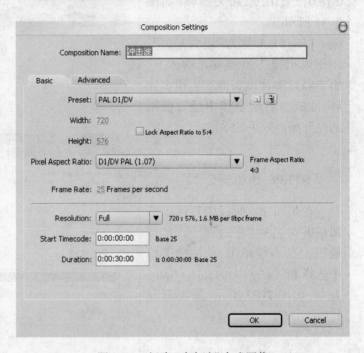

图7-34 新建"冲击波"合成图像

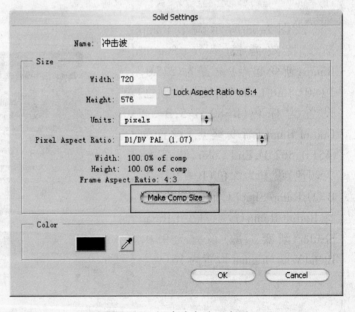

图7-35 新建冲击波固态层

选中"冲击波"固态图层，右键单击，从快捷菜单中选择 Effect → Generate → Circle 命令，弹出 Effect Controls 面板窗口。将时间滑杆调整到 0 秒处，如图 7-36 所示，冲击波中心坐标 Center 设置为(360.0，280.0)，Radius(半径)设置为 112.0，并添加关键帧，Color 设置为黑色，Opacity 设置为 100.0%。

通过 Roughen Edges(边缘粗糙化)滤镜使轮廓变粗糙。选中"冲击波"固态图层，右键单击，从快捷菜单中选择 Effect → Stylize → Roughen Edges 命令，弹出 Effect Controls 面板。

将时间指针定位至 0 秒处，按图 7-37 所示设置参数：选择 Edge Type(边缘类型)为 Roughen，Border(边沿)设置为 222.00，Edge Sharpness(轮廓清晰度)设置为 10.00，Fractal Influence(不规则影响程度)设置为 1.00，Scale(缩放比例)设置为 10.0，Stretch Width or Height(宽度和高度的延伸程度)设置为 0.00，Offset(偏移)设置为 0.0，复杂度 Complexity(复杂度)设置为 2，控制边缘的粗糙变化 Evolution 属性设置为 −5× −237.0°。

提示

要修改已经建立好的固态图层参数，只需要选中该固态层，选择菜单 Layer → Solid Settings 命令，就可以在弹出的窗口中修改参数。

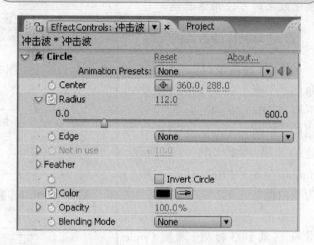

图 7-36 Circle 参数调节

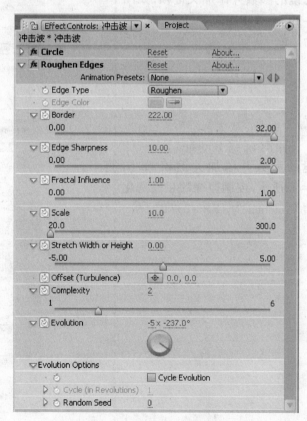

图 7-37 Roughen Edes 参数调节

Roughen Edges(边缘粗糙化)滤镜可以模拟腐蚀的纹理或融解等斑驳效果的视频特效。通常,在需要做旧效果或需要较为粗糙机理效果时可使用该滤镜。

STEP2:制作冲击波内轮廓

复制"冲击波"固态图层并重命名为"冲击波 2",将其移动到下层,将 Roughen Edges 滤镜效果删除,并调整 Circle 滤镜在 0 秒处的效果,参数如图 7-38 所示,Radius(半径)为 100.0,Color(颜色)为纯白色。

单击"冲击波"图层,将时间滑杆移动到 3 秒处,调整 Circle 滤镜的参数并添加关键帧,如图 7-39 所示,Radius 为 276.6,Color 为黑色。

同时调整 Roughen Edges 滤镜的参数并添加关键帧,如图 7-40 所示,控制边缘的粗糙变化值 Evolution 为 $-5 \times -237.0°$。

图 7-38 Roughen Edes 参数调节

提示

在制作冲击波效果时,参数的设置不是一成不变的,可以边调节参数,边查看预览效果,直至在预览窗口中达到所需要的效果为止。

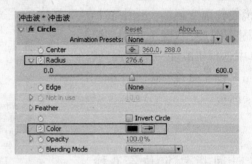

图 7-39 Circle 关键帧调节

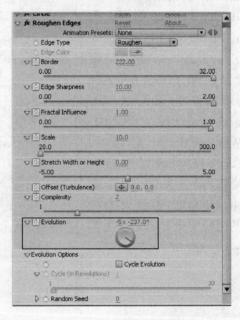

图 7-40 Roughen Edes 关键帧调节

滑动时间滑杆,在预览窗口中查看调整后的效果,如图7-41所示。

STEP3:添加发光及立体效果

利用Shine滤镜产生发光效果。新建一个合成图像并命名为"冲击波合成",时间长度为30秒。将项目Project窗口中的"冲击波"合成图像拖动到时间轴上。

右击"冲击波"图层,从快捷菜单中选择Effect→Trapcode→Shine命令,将时间滑杆调整到0秒处,在Effect Controls面板中,按如图7-42所示进行设置:Ray Length(光线长度)为0.3,Boost Light(光线的高亮程度)为1.0,Colorize(颜色模式)为5-Color Gradient(五色渐变),Base On(决定输入通道)为Lightness(亮度)。各类色彩设置如下:Highligts(高光部分颜色)为(R=255,G=255,B=255),Mid High(中间高光色)为(R=255,G=200,B=0),Midtones(中间色调)为(R=255,G=166,B=0),Mid Low(中间阴影色调)为(R=255,G=100,B=0),Shadows(阴影颜色)为(R=255,G=0,B=0),Shine Opacity(光线不透明度)为100.0。

图7-41 调整后的效果

> **提示**
> Shine滤镜为第三方插件,如果AE软件中无,需另行安装。

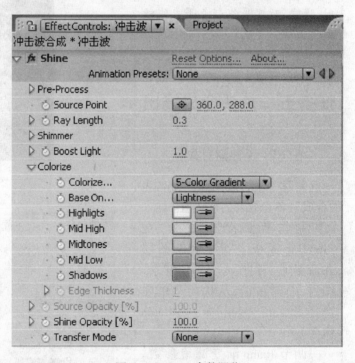

图7-42 Shine参数调节

> **提示**
> Shine滤镜中的Colorize选项中的色彩调节是非常关键的,其中几种色彩的跳跃不宜过大。色彩的选择需要经验的积累,需要不断练习。

此时拖动时间滑杆,可以看到画面中已经产生了冲击波的效果。

设置"冲击波"三维斜向冲击辐射的效果。如图7-43所示,单击"冲击波"的三维坐标按钮,使用工具栏上的旋转工具对"冲击波"图层进行调整,如图7-44所示。

Shine 滤镜是 After Effects 软件的必备第三方插件之一,通过 Shine 滤镜可以完成各种光线扫射、曝光、改变光线颜色等光线效果的模拟。

任务五　片头合成输出

STEP1:新建渐变背景

新建一个合成图像并命名为"合成",各参数采用默认值。

制作渐变背景效果。在 Timeline 面板上新建固态图层并命名为"背景"。选中"背景"图层,右键单击,从快捷菜单中选择 Effect → Generate → Ramp 命令。

调节 Ramp 渐变滤镜参数。按图7-45所示进行设置:Start of Ramp(渐变起点)坐标为(225.0, 194.0),Start Color(起点颜色)为(R=80,G=5,B=5), End of Ramp(渐变终点)坐标为(451.0,562.0),

图 7-43　添加三维坐标

⭐ 提示

在三维模式下,预览窗口中的素材就会出现三维坐标。当鼠标指针移动到相应的轴上时会显示该轴向的数值,此时做移动、旋转、缩放等操作就只能在该轴向上产生变化。

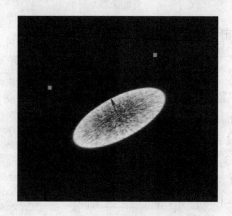

图 7-44　旋转冲击波

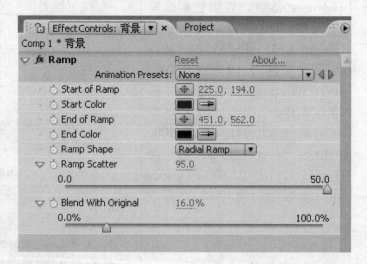

图 7-45　添加渐变背景

End Color（终点颜色）为（R=27，G=2，B=2），Ramp Shape（渐变形状）为 Radial Ramp（放射渐变），Ramp Scatter（渐变扩散）为 95.0，Blend With Original（与原图的混合程度）为 16.0%。

STEP2：添加心电图层

将项目 Project 面板中的"心电图"合成图像拖入时间轴上，连续按快捷键 Ctrl+D 四次，复制四个"心电图"图层，并将模式调整为叠加（Add）模式，如图 7-46 所示，排列时间轴中的五个图层顺序，滑动时间滑杆，查看预览窗口中的"心电图"动画，如图 7-47 所示。

STEP3：添加线条背景层

将 Project 面板中的"线条背景"合成图像拖入时间轴中，将模式调整为叠加模式，使其与背景相融合，滑动时间滑杆，在预览窗口中可以查看添加"线条背景"后的效果，如图 7-48 所示。

提示

图层的排列主要以画面运动顺畅为主。在设置透明度叠加时也应该注意画面之间的衔接。

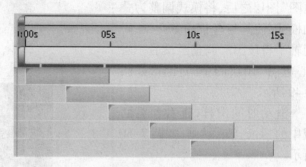

图 7-46　排列图层

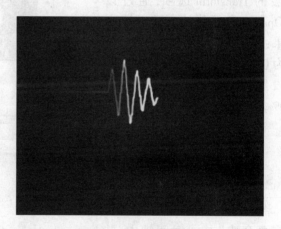

图 7-47　心电图动画

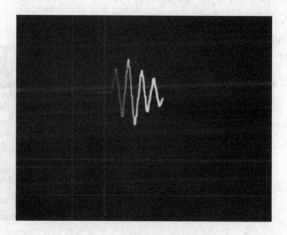

图 7-48　线条背景动画

STEP4:添加冲击波层

将 Project 面板中的"冲击波合成"拖入时间轴中最后一个"心电图"图层之后,将模式调整为叠加模式,使其与背景相融合,在时间轴中将该图层调整至最后一层"心电图"图层的中间位置,如图 7-49 所示。

滑动时间滑杆,查看预览面板中的"冲击波"动画,如图 7-50 所示。

展开时间轴中"冲击波合成"图层的 Transform 选项,通过设置 Opacity 参数值达到淡入淡出效果:在 11.20 秒处将 Opacity 设置为 0% 并添加关键帧,在 12 秒处设置为 100%,13 秒处设置为 100%,14 秒处设置为 0%。

STEP5:添加片头文字层

将 Project 面板中的"舞动人生字幕合成"拖入时间轴中,并放在"冲击波合成"图层之后,将模式调整为正常(Normal),调整"舞动人生字幕合成"图层位置如图 7-51 所示,滑动时间滑杆以查看预览窗口中的动画,如图 7-52 所示。

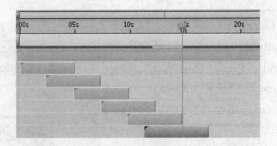

图 7-49　调整图层位置

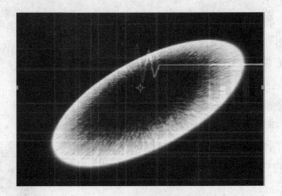

图 7-50　冲击波动画

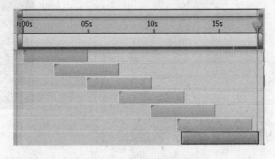

图 7-51　调整图层位置

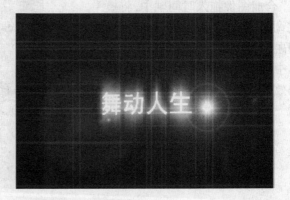

图 7-52　合成效果

选择菜单 Composition → Composition Settings 命令，弹出对话框，如图 7-53 所示，将 Duration（持续时间）调整为 18 秒。

STEP6：添加背景音乐层

将素材光盘中的"项目七"素材文件夹下"音乐"文件夹中的"合成背景音乐"文件导入 Project 面板中。

新建合成图像并命名为"输出"，持续时间设置为 18 秒。

将"合成背景音乐"拖入时间轴中，将"合成"也拖入时间轴中。

调整时间轴中两个图层的位置。展开"合成"图层的 Transform 属性，设置 Opacity（不透明度）并添加关键帧：0 秒处不透明度为 0%，0.5 秒处不透明度为 100%，17 秒处不透明度为 100%，18 秒处不透明度为 0%，如图 7-54 所示。

STEP7：渲染输出

单击 File → Export 命令，为输出文件选择一种视频格式（本项目以输出 AVI 为例），此时会弹出一个对话框，要求设置相应参数，如图 7-55 所示。

图 7-53　合成设置

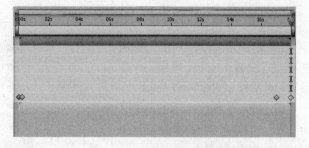

图 7-54　设置合成关键帧

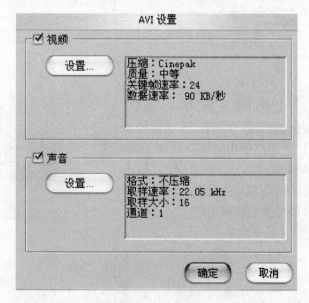

图 7-55　AVI 设置

勾选"AVI 设置"对话框中的"视频"复选框；单击"视频"复选框下的"设置"按钮，弹出"压缩设置"对话框，如图 7-56 所示。"每秒帧数"设置为"最佳"，每 24 帧设置关键帧，数据速率限制为 90 KBps，压缩质量为中等，如图 7-56 所示。

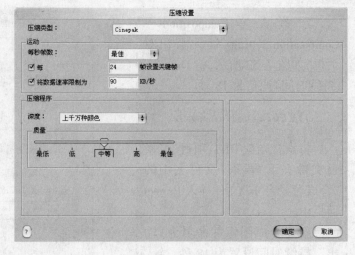

图 7-56　设置视频格式

勾选"AVI 设置"对话框中的"声音"复选框，单击"声音"复选框下的"设置"按钮，弹出"声音设置"对话框，如图 7-57 所示。

设置声音参数："压缩程序"为"无"，速率为 22.050 kHz，大小为 16 位，使用单声道。

图 7-57　设置音频格式

设置好参数后，单击"确定"按钮，指定保存路径，开始渲染输出，并弹出输出进度对话框，如图 7-58 所示。

渲染结束后，单击目标文件名即可播放视频文件。

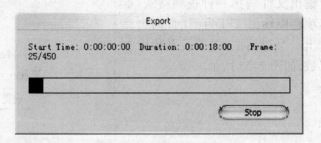

图 7-58　渲染进度

小结与训练

小结

本项目通过心电图特效、线条背景特效、字幕特效、冲击波特效的制作组合成一个完整的片头。在项目制作中除对以前项目制作中使用过的一些滤镜进行拓展学习外,新增一些常用的 AE 自带插件和外挂插件特效制作的学习内容。

通过该项目的制作,一方面明确片头的制作流程和片头结构分析,另一方面也掌握了综合运用新滤镜插件的方法。

思考题

1. 一般片头制作有哪几部分组成?

2. 制作冲击波效果的时候应用到了 Shine 插件。请思考:除了本项目中应用的效果外,该插件还可以应用到哪些方面?

3. 在项目制作中有一个任务应用到了 AE 中的粒子。粒子效果在 AE 中还有哪方面的应用?

训练题

1. 自选一个主题,制作一个 10 秒钟长的简短文字片头。

2. 采用本项目中学习的 Card Wipe 滤镜特效制作一段英文卡片字幕翻转效果的视频,要求卡片从右侧进入画面,字母做翻转运动,到画面中间时定格放大。

3. 制作"上海世界博览会"宣传片头,要求有突出主题的字幕特效,符合画面的声音效果,不少于 30 秒,图片素材可利用素材库中"项目七训练"文件夹中的素材。

项目八 "中华魂"
——视频特效合成

项目简介

　　本项目作为一个综合性的 AE CS3 应用训练,采用了具有代表性的中国元素进行特效设计,画面中舞动红色绸带的少女和中国山水画的背景移动效果交相呼应,灵动的书法动画效果使整个片段从内涵到形式都散发出所要表达的主题意境。

　　通过对本项目的制作,将学习到影像抠像技术、文字书写特效、影像校色技术等全新的滤镜特效技术,也对前面的项目中学习过的一些滤镜进行高级应用。本项目制作过程既注重灵活运用学习过的知识点,又注重特效的设计,使作品兼具技术性和有艺术性。

效果截图

任务一　　制作背景

STEP1:新建项目

单击菜单 File → New → New Project 命令,新建一个项目。

单击菜单 Composition → New Composition 命令,弹出如图 8-1 所示对话框。在对话框的 Composition Name 文本框中输入"背景",选择 PAL D1/DV,分辨率为 720×586 像素,时间长度为 1 分钟,其他参数取默认值,如图 8-1 所示。

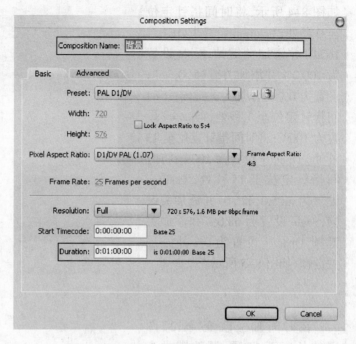

图 8-1　新建合成图像

在 Project 面板中新建"背景"文件夹,双击面板空白处将素材光盘中"背景"文件夹下的 3 张图片导入到该文件夹中,如图 8-2 所示。

图 8-2　导入背景素材

分别将"背景"文件夹中的素材拖入时间轴上的"背景"合成图像中,复制"画 1"图层,将"背景"层放在最下方,往上排列依次是"画 1"图层、"画 2"图层、"画 1"图层,如图 8-3 所示。

STEP2: 设置图层

在时间线轴上将"画 1"图层的长度改为 15 秒,调整模式为 Overlay 模式。展开"画 1"图层在时间轴中的 Transform 属性,

图 8-3　编辑背景素材图层

如图 8-4 所示,将时间指针定位至 0 秒处,Position 设置为(167.7,165.0)并添加关键帧,Scale 设置为 100.0% 并添加关键帧,Opacity 设置为 0% 并添加为关键帧;将时间指针定位至 1 秒处,Opacity 设置为 100%;将时间指针定位至 13 秒处,Opacity 设置为 100%;将时间指针定位至 15 秒处,Position 设置为(605.0,426.0)并添加关键帧,Scale 设置为 68.0% 并添加关键帧,Opacity 设置为 0% 并添加关键帧,如图 8-5 所示。

图 8-4 关键帧调节

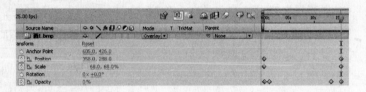

图 8-5 添加动画关键帧

在时间轴上改变"画 2"图层的长度至 15 秒,调整模式为 Overlay 模式,展开"画 2"图层在时间轴上的 Transform 属性,将时间指针定位至 13 秒,Position 设置为(174.0,398.0)并添加关键帧,Scale 设置为 100.0% 添加为关键帧,Opacity 设置为 0% 并添加关键帧,如图 8-6 所示。将时间指针定位至 15 秒处,Opacity 设置为 100%;将时间指针定位至 26 秒处,Opacity 设置为 100%;将时间指针定位至 28 秒处,Position 设置为(238.0,378.0)并添加关键帧,Scale 设置为 120.0% 并添加关键帧,Opacity 设置为 0% 添加关键帧,如图 8-7 所示。

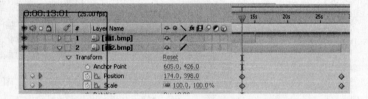

图 8-6 动画关键帧设置

将复制得到的"画 1"图层重命名为"画 3"。在时间轴上将"画 3"图层的长度改为 15 秒,调整模式为 Overlay 模式;展开"画 3"图层在时间轴上的 Transform 属

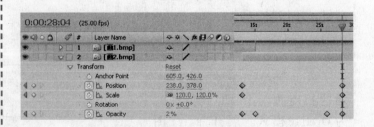

图 8-7 动画关键帧调节

性,将时间指针定位至 25 秒处,Position 设置为(160.0,160.0),Scale 设置为 100.0% 并分别添加关键帧;将时间指针定位至 39 秒处,Opacity 设置为 100% 并添加关键帧,Scale 设置为 90.0%,Position 设置为(234.0,208.0),如图 8-8 所示。

将"背景"合成图像的长度调整为 40 秒,如图 8-9 所示。

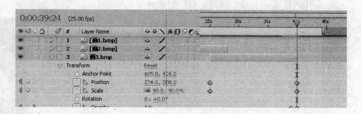

图 8-8　设置动画关键帧

任务二　抠人物像

STEP1:新建合成

在 Project 面板中空白处双击,导入光盘"项目八素材"文件夹中"舞蹈素材"文件夹中的四个序列帧素材。

新建合成图像并命名为"独舞抠像",时间长度为 30 秒,其他参数同前一合成图像。

在 Project 面板中将导入的"单人舞"序列帧拖到"独舞抠像"合成图像的时间轴上。

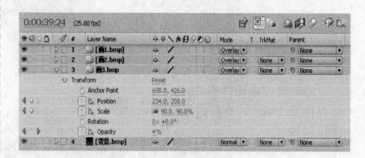

图 8-9　编辑背景层

STEP2:抠像

选中"独舞抠像"图层,右键单击,从快捷菜单中选择 Effect → Keying → Keylight 命令。

Keylight 是一款非常优秀的插件,主要用于素材的抠像制作,拥有强大的半透明抠像效果。

展开 Effect Controls 面板中的 Keylight 属性,如图 8-10 所示。

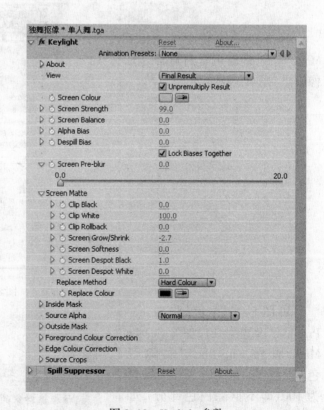

图 8-10　Keylight 参数

单击 Keylight 属性中 About 参数下 Screen Colour 选项后的吸管图标,单击"独舞抠像"的蓝色银幕部分,此时预览框得到初步的抠像效果,如图 8-11 所示。

图 8-11　抠像初步效果

此时画面中还存有许多杂质没有抠除干净,需要做进一步的参数调节。

提示

　　Screen Colour 是通过颜色相近度来控制抠像的,可通过调整参数来控制与采集样本颜色的接近程度。

单击 View 选项中的 Screen Matte 模式,此时可看到画面中图像以黑白画面表示。

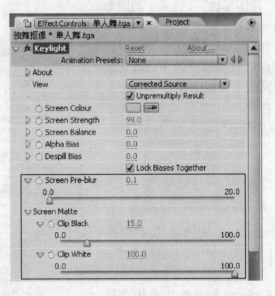

图 8-12　调整 Screen Matte 参数

如图 8-12 所示,将 Screen Pre-blur 设置为 0.1,展开 Screen Matte 属性,Clip Black(去除黑色)设置为 15,Clip White 保持为 100(即不抠除白色部分),如

提示

　　调节 Screen Pre-blur 参数的大小时,将会发现参数值越大,被抠像对象的边缘越模糊,参数越小边缘则越清晰。

图8-13所示。此时观察预览窗口，可以看见画面黑白分明，周围的杂色也没有了。

STEP3：去除环境色

选择"单人舞"图层，右键单击，从快捷菜单中选择Effect → Keying → Spill Suppressor命令。

Spill Suppressor 为溢出控制器，可以去除键控后的图像中残留的键控色痕迹。溢出控制器用于去除图像边缘溢出的键控色，这些溢出的键控色常常是由于背景的反射造成的。

在 Effect Controls 面板中，如图8-14所示，在 Color To Suppress选项中选择吸管工具，在预览窗口中吸取要控制的色彩，即吸取人物周围的蓝色部分；Color Accuracy（颜色精度算法）选择 Faster（更快）；Suppression 数值设置为60，以控制蓝色部分的抑制程度。

此时，观察预览窗口中的人物抠像效果，边缘柔和且没有明显的色彩溢出，人物周围抠像的干净，如图8-15所示。

提示

在 Screen Matte 模式下，黑色部分表示完全抠除；白色部分表示完全不抠除；灰色部分表示抠除成透明模式，如毛发、阴影等都将会以灰色方式显示，通过参数的调节可以控制透明度。

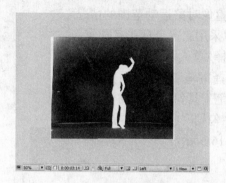

图8-13　Screen Matte 模式

图8-14　去除环境色

提示

如果使用溢出控制器还不能得到满意的结果，可以使用 Effect 菜单中的 Hue/Saturation（色相／饱和度）命令降低饱和度，从而弱化键控色。

图8-15　抠像后效果

STEP4：去除大块杂色

从图 8-15 中可以看出，除了左侧有一个大块色彩外抠像画面已经符合要求。对于图像中的大块杂色，在离抠像对象较远且不影响抠像对象运动范围的情况下，可以采用遮罩工具来完成。

选择"单人舞"图层，在工具栏中选择钢笔工具，在预览窗口中用钢笔工具勾勒出人物活动范围框，在勾勒时将色块排除在外，如图 8-16 所示。

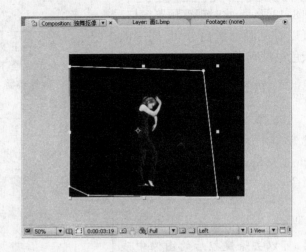

图 8-16　添加遮罩

如图 8-17 所示，将 Mask 1 模式设置为 Add（叠加），Mask Path 设置为 Shape 模式，Mask Feather 设置为 0.0 pixels，Mask Opacity 设置为 100%，Mask Expansion 设置为 0.0 pixels。

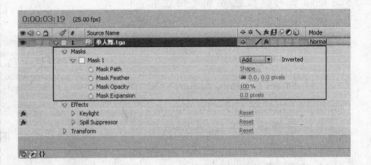

图 8-17　设置遮罩

此时可以看见色块已经被遮罩排除在外，画面抠像效果完整且能够达到要求，抠像任务完成，如图 8-18 所示。

图 8-18　最终效果

STEP5 : 其他抠像效果

分别新建合成图像"绸舞1"、"绸舞2"、"绸舞3",并导入素材,按照STEP2~STEP4的方法完成素材"绸舞 a"、"绸舞 b"、"绸舞 c"的抠像任务,获得如图 8-19 所示的效果。

任务三　合成抠像

单击菜单 Composition → New Composition,新建合成图像并命名为"抠像合成",时间长度为 30 秒,如图 8-20 所示;将"独舞抠像合成"、"绸舞3"、"绸舞2"、"绸舞1"合成图像导入时间轴上,按图 8-21 所示排列各图层顺序。

将时间指针定位至 1 秒处,将"绸舞2"图层的左端点移动到 1 秒处,在时间轴上将"绸舞2"图层模式设置为 Color Dodge(色彩隐藏),展开"绸舞2"图层下的 Transform 属性,将 Opacity 设置为 0% 并添加关键帧,如图 8-22 所示;将时间指针定位至 2 秒处,将 Opacity 设置为 100% 并添加关键帧;将时间指针定位至 4 秒处,将 Opacity 设置为 100% 并添加关键帧;将时间指针定位至 5 秒处,将 Opacity 设置为 0% 并添加关键帧。

将时间指针定位至 4 秒处,将"绸舞1"图层左端对齐到时间轴,在时间轴上设置"绸舞1"图层模式为 Color Dodge,如图 8-23 所示,展开图层"绸舞1"图层的

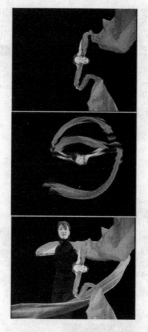

图 8-19　抠像效果

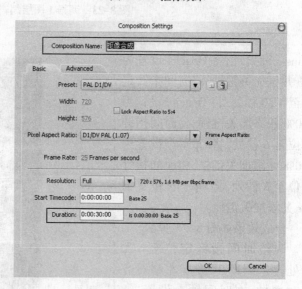

图 8-20　新建合成图像

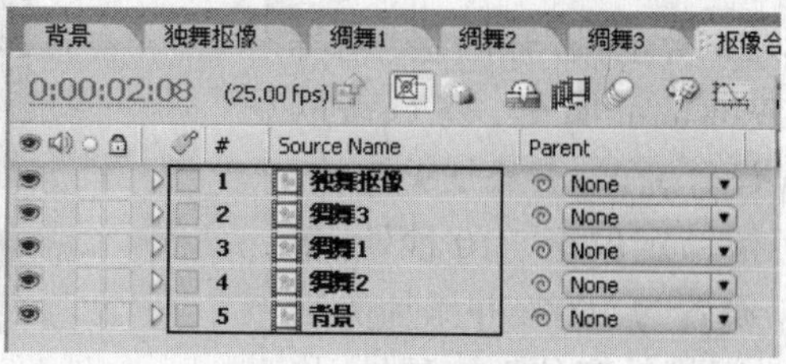

图 8-21　图层排列顺序

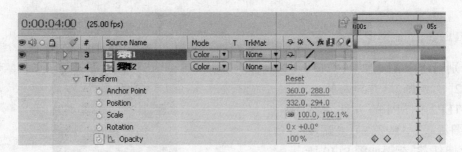

图 8-22　绸舞 2 图层编辑

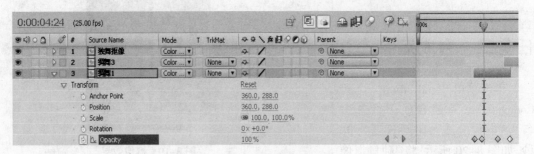

图 8-23　绸舞 1 图层编辑

Transform 属性，将 Opacity 设置为 0% 并添加关键帧；将时间指针定位至 4.20 秒处，将 Opacity 设置为 100% 并添加关键帧；将时间指针定位至 6 秒处，将 Opacity 设置为 100% 并添加关键帧；将时间指针定位至 8 秒处，将 Opacity 设置为 0% 并添加关键帧。

合成效果如图 8-24 所示。

调整时间指针定位至 6.20 秒处，将"绸舞 3"图层左端对齐到时间轴，在时间轴上设置"绸舞 3"图层模式为 Color Dodge，如图 8-25 所示，展开图层"绸舞 3"的 Transform 属性，将 Opacity Opacity 设置为 0% 并添加关键帧；将时间指针定位至 7.10 秒处，将 Opacity 设置为 100% 并添加关键帧；将时间指针定位至 9 秒处，将

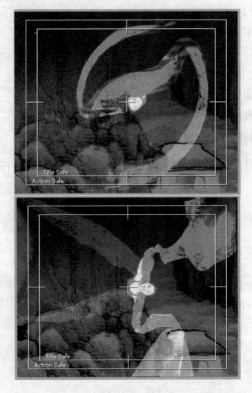

图 8-24　合成效果

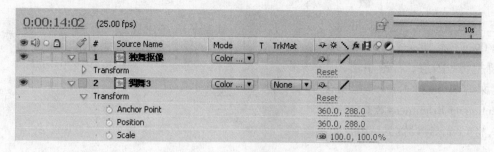

图 8-25 绸舞 3 图层编辑

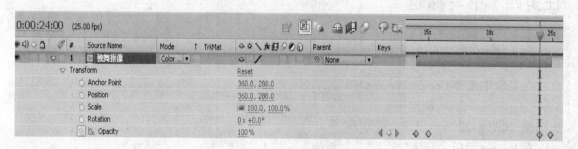

图 8-26 独舞抠像图层编辑

Opacity 设置为 100% 并添加关键帧；将时间指针定位至 9.1 秒处，将 Opacity 设置为 0% 并添加关键帧。选择"绸舞3"图层，右键单击，从快捷菜单中选择 Effect → Color Correction → Brightness & Contrast 命令，将 Contrast 设置为 -100。

调整时间指针定位至 14 秒处，将"独舞抠像"图层左端对齐到时间轴，在时间轴上将"独舞抠像"图层模式设置为 Color Dodge，如图 8-26 所示，展开"独舞抠像"图层的 Transform 属性，将 Opacity 设置为 0% 并添加关键帧；将时间指针定位至 15 秒处，将 Opacity 设置为 100% 并添加关键帧；将时间指针定位至 24 秒处，将 Opacity 设置为 100% 并添加关键帧；将时间指针定

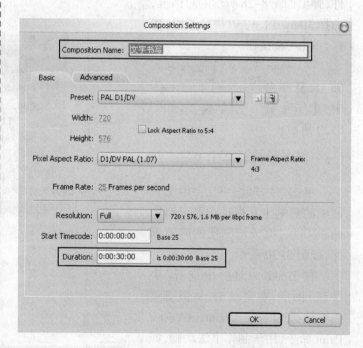

图 8-27 "文字书写"合成图像

位至 24.20 秒处，将 Opacity 设置为 0% 并添加关键帧。选择"独舞抠像"图层，右键单击，从快捷菜单中选择 Effect → Color Correction → Brightness & Contrast 命令，将 Contrast 设置为 –100。

任务四　书写标题

STEP1：新建合成

在菜单中选择 Composition → New Composition 命令，新建一个合成图像，如图 8-27 所示设置参数。

在 Project 面板中新建"文字"文件夹，导入光盘中"项目八素材"文件夹中的"中华魂 .psd"文件，弹出如图 8-28 所示的对话框，选择 Merqed Layers（拼合图层）模式，单击 OK 按钮。

将"中华魂"文件拖入时间轴上，复制两次，分别重命名为中"中华魂 1"、"中华魂 2"，如图 8-29 所示。

STEP2：书写"中"

单击"中华魂"图层，用工具栏中的钢笔工具框选预览窗口中的"中"字，完成该图层的遮罩制作，如图 8-30 所示。

在 Timeline 面板中选择"中华魂"图层，右键单击，从快捷菜单中选择 Effect → Paint → Vector Paint 命令，用于制作书法动画，如图 8-31 所示。

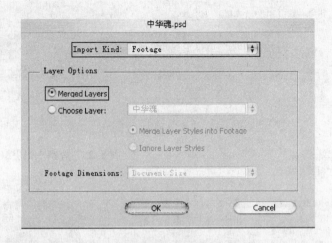

图 8-28　导入素材

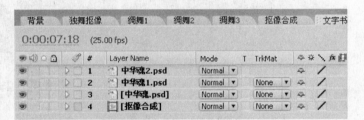

图 8-29　图层排列

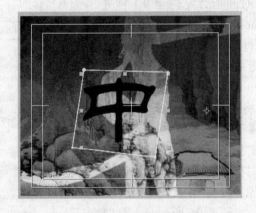

图 8-30　制作遮罩

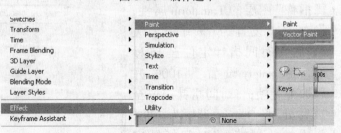

图 8-31　添加矢量绘画特效

Vector Paint（矢量绘画）是 AE CS3 自带的一款笔刷特效工具，能够制作动态文字或图形效果，主要用于制作手写文字等效果。

图 8-32 设置矢量绘画

应用矢量绘画特效后，在左侧边缘会出现绘画工具栏，单击左上方的三角形按钮，弹出的菜单中选中绘制类型 Shift-Paint Records → Continuously，这样会按先后顺序制作书法动画，如图 8-32 所示。

提示

Vector Paint 特效工具可以直接在窗口上进行绘画，其功能也非常强大。

提示

笔画半径应该按书写字的笔画粗细进行设置，而绘画的颜色与制作书写效果无关，只要能与书写文字的颜色相区别即可。

在 Effect Controls 面板中将书法文字笔画半径 Radius 的值设置为 15，颜色 Color 设置为绿色，这样可以直观地观察到书写效果。

在绘制书法手写字时按住键盘上的 Shift 键，使用笔刷工具按照笔画顺序书写，如图 8-33 所示。

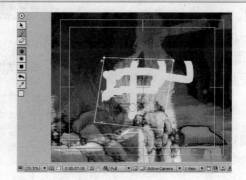

图 8-33 手写效果

提示

Playback Speed 的值可以改变笔画在预览或渲染中出现的时间和速度。As Matte 是控制笔画的影响遮罩效果，笔画会显示原始的 Alpha 通道区域。

在 Effect Controls 面板中将 Playback Mode（播放模式）设置为 Animate Strokes，Playback Speed（播放速度）设置为 8，Composite Paint（合成动画）的类型为 As Matte（只影响遮罩），使图像产生叠加，把绿色笔画遮住，如图 8-34 所示。

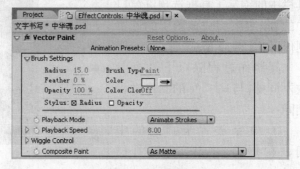

图 8-34 播放设置

展开"中华魂"图层的 Transform 属性, Position 设置为 (820.0,416.0),使文字处于右下方。

将时间指针定位至 11 秒处,将 Opacity 设置为 100% 并添加关键帧；将时间指针定位至 12 秒处,将 Opacity 设置为 0% 并添加关键帧。

选择"中华魂"图层,右键单击,从快捷菜单中选择 Effect → Perspective → Drop Shadow 命令,添加阴影效果；在 Effect Controls 面板中将 Drop Shadow 属性下的 Shadow Color 设置为黑色(0,0,0),Opacity 设置为 50%,Direction(阴影方向)设置为 135 度, Distance(阴影距离)设置为 5,Softness(边缘柔和度)设置为 6。预览动画,观察书写完成的"中"字动画,如图 8-35 所示。

STEP3:书写"华"

调整"中华魂 1"图层所在位置,如图 8-36 所示。

选择"中华魂 1"图层,用工具栏中的钢笔工具框选预览窗口中的"华"字,完成该图层的遮罩制作,如图 8-37 所示。

其制作过程除以下几个参数不同外,与"中"字的制作过程相同:

① 文字放置于画面的中间。在展开"中华魂 1"图层

图 8-35 效果展示

提示

阴影特效可以在选定图层上产生立体的颜色投影。如果图层含有 Alpha 通道,会以 Alpha 通道的形状作为阴影投射的效果。

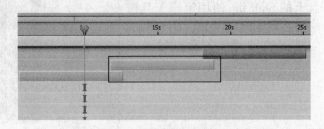

图 8-36 图层位置调整

图 8-37 遮罩效果

的 Transform 属性时,位置坐标 Position 设置为(437,118)。

② 出现时间的设置。在 16.1 秒处,将 Opacity 设置为 100% 并添加关键帧;在 17 秒处,将 Opacity 设置为 0% 并添加关键帧。

预览动画,观察书写完成的 "华"字动画,最终效果如图 8-38 所示。

STEP4:书写"魂"

调整"中华魂 2"图层所在位置,如图 8-39 所示。

选择"中华魂 2"图层,用工具栏中的钢笔工具框选预览窗口中的"魂"字,完成该图层的遮罩制作,如图 8-40 所示。

其制作过程除以下几个参数不同外,与"中"字的制作过程相同:

① 文字放置于画面的左上方。展开"中华魂 2"图层的 Transform 属性,位置坐标 Position 设置为(-105,159)。

② 出现时间的设置。在 24 秒处,将 Opacity 设置为 100% 并添加关键帧;在 24.2 秒处,将 Opacity 设置为 0% 并添加关键帧。

提示

"华"字比"中"字复杂,为使字更细腻,可以将笔画半径调小,使得效果更好,这会增加时间,但可以减少瑕疵。

图 8-38　最终效果展示

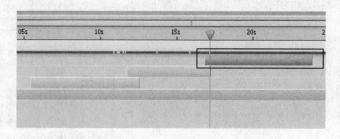

图 8-39　图层排列

图 8-40　mask 遮罩示意图

设置完成后,播放动画,观察书写完成的"魂"字动画,如图8-41所示。

图 8-41 展示效果

任务五 添加片尾文字

STEP1:导入素材

在 Project 窗口空白处双击,导入素材光盘中"项目八素材"文件夹下的"中国魂 2.psd"文件,在弹出的 psd 文件导入对话框中,将 Import Kind(导入种类)设置为 Composition, Layer Options(图层选项)设置为 Editable Layer Styles(可编辑图层样式),如图8-42 所示。

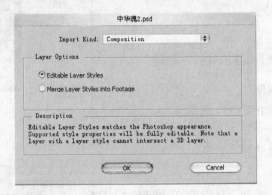

图 8-42 psd 格式图片导入设置

提示

在影片合成时,可以将不同的合成素材分别制作,然后将制作完成后的合成素材与其他的素材进行合成,这样方便素材的修改和调整。

双击 Project 面板中的"中华魂 2"合成图像,在时间轴上出现"中华魂 2"合成图像;单击 Composition → Composition Settings 命令弹出 Composition Settings 对话框,合成长度设置为7 秒,如图 8-43 所示。

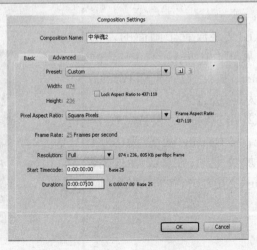

图 8-43 设置合成

STEP2：添加运动效果

在"中华魂 2"时间轴上的空白处右击，从弹出快捷菜单中选择 New → Solid 命令，新建固态图层并命名为"背景"，固态层颜色设置为灰色（R=149，G=149，B=149），如图 8-44 所示。

分别调整时间轴上的"中"、"华"、"魂"和"背景"图层的时间长度到 5 秒。

选中"中"图层，将时间指针定位至 0 秒处，展开 Transform 属性，将 Position 设 置 为（1643.0，118.0）并建立关键帧，Scale 设置为 162% 并建立关键帧；将时间指针定位至 2.15 秒处，Position 设置为（412.0，118.0）并建立关键帧，Scale 设置为 51% 并建立关键帧，如图 8-45 所示。

选中"华"图层，将时间指针定位至 0 秒处，展开 Transform 属性，将 Scale 设置为 162% 并建立关键帧；将时间指针定位至 2.15 秒处，将 Scale 设置为 51% 并建立关键帧，如图 8-46 所示。

选中"魂"图层，将时间指针定位至 0 秒处，展开 Transform 属性，将 Position 设 置 为（-830.0，118.0）并建立关键帧，Scale 设置为 162% 并建立关键帧；将时间指针定位至 2.15 秒处，将 Position 设置为（455.0，118.0）并建立关键帧，Scale 设置为 51% 并建立关键帧，如图 8-47 所示。

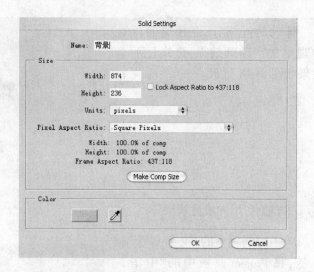

图 8-44 设置固态层参数

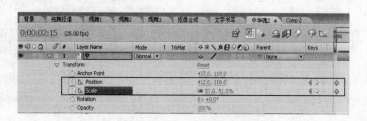

图 8-45 "中"图层参数设置

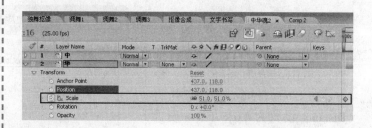

图 8-46 "华"图层参数设置

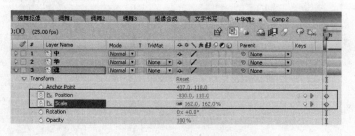

图 8-47 "魂"图层参数设置

拖动时间指针,在预览面板中观察文字动画效果,最终显示效果如图 8-48 所示。

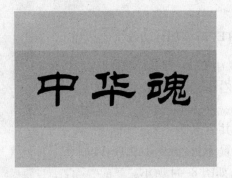

图 8-48 最终显示效果

STEP3:添加水波效果

单击时间轴上的"文字书写"标签,将 Project 面板中的"中华魂 2"拖动到时间轴上并放置于"抠像合成"图层之上,如图 8-49 所示。

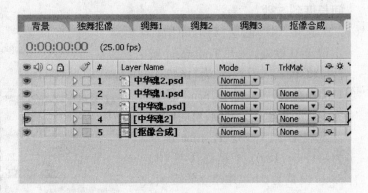

图 8-49 图层排列顺序

右击"中华魂 2"图层,从快捷菜单中选择 Effect → Perspective → Drop Shadow 命令,在 Effect Controls 面板中将 Distance 设置为 8.0,Softness 设置为 20.0,为文字增加艺术效果,如图 8-50 所示。

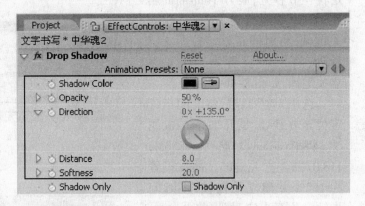

图 8-50 添加阴影

右击"中华魂2"图层，从快捷菜单选择 Effect→Distort(扭曲)→Ripple(波纹)命令，使"中华魂2"产生波动的效果，如图8-51所示。

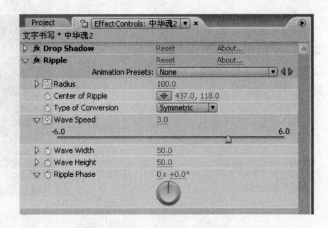

图8-51　添加 Riple 特效

展开时间轴上"中华魂2"图层的 Effects 属性，选择 Ripple 属性，在25秒处，单击 Radius 属性前面的码表按钮记录半径值为100.0，同时也单击 Wave Speed (波速)前面的码表按钮记录波浪速度的值为3.0，如图8-52所示。将时间指针定位至28秒处，在 Timeline 面板中选择 Ripple 特效，单击 Radius 前面的关键帧按钮，半径设置为0.0；同时也 Wave Speed 设置为0.0，并添加关键帧。

通过 Ripple 特效的控制可以对"中华魂2"与其镜头进行平稳过渡，避免镜头连接生硬。

图8-52　添加波浪关键帧

STEP4:淡入淡出

选择"中华魂2"图层，展开 Transform 属性，将时间指针定位至24.1秒处，将 Opacity 设置为0；将时间指针定位至25秒处，将 Opacity 设置为100%；将时间指针定位至28秒处，将 Opacity 设置为100%；将时间指针定位至29秒处，将 Opacity 设置为0%，如图8-53所示。

提示

Wave Speed 波纹运动的参数设置为负数时，波纹从外部会向中心运动，正数时相反，波纹从中心会向外部运动。

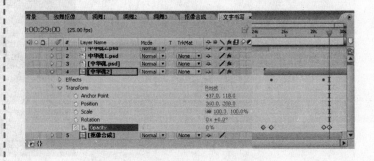

图8-53　淡出淡入关键帧

此时已经完成了片尾文字的动画效果制作,拖动时间滑杆,可以观察预览窗口中的文字动画效果,如图 8-54 所示。

图 8-54 文字动画效果

提示

在制作完成的影片顶层添加"黑边"层并设置遮罩,可以将影片的外侧边缘交错并融合到影片中,增加画面层次感。

任务六 修饰画面

STEP1:制作深色边框

在时间轴上"文字书写"合成图像的空白处右击,从快捷菜单中选择 New → Solid 命令,新建固态图层并命名为"黑边框",颜色设置为黑色(R=0,G=0,B=0),如图 8-55 所示。

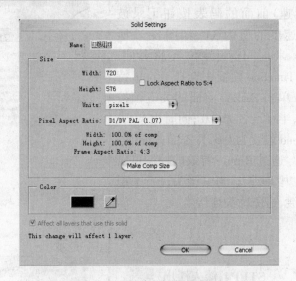

图 8-55 新建黑边框固态层

在 Timeline 面板中选择"黑边框"图层,然后在工具栏上选择钢笔工具,在视图中绘制选区以便将中间部分去除掉,如图 8-56所示。

图 8-56 绘制钢笔遮罩

在 Timeline 面板中选择"黑边框"图层,展开 Mask1 属性,勾选叠加模式右侧的 Inverted 复选框,Mask Feather(遮罩羽化)的值设置为 150,如图 8-57 所示。

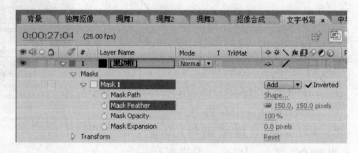

图 8-57 遮罩设置

查看预览窗口,可以看到画面边缘区域与背景产生渐变融合的效果的黑色边框,如图 8-58 所示。

STEP2:调整亮度对比度

在时间轴上空白处右击,从快捷菜单中选择 New → Adjustment Layer 命令,新建调整图层 Adjustment Layer1,将调整图层放置于最顶层,这样其下的图层会受其效果的影响。

选择 Adjustment Layer1 图层,右键单击,从快捷菜单中选择 Effect → Color Correction → Brightness & Contrast 命令,在 Effect Controls 面板中,将 Brightness(亮度)设置为 -0.3,将 Contrast(对比度)设置为 7.3,使画面的对比度有所增加,如图 8-59 所示。

图 8-58 黑边效果

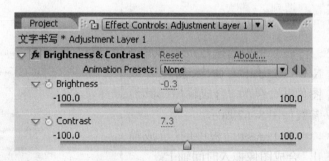

图 8-59 设置亮度对比度

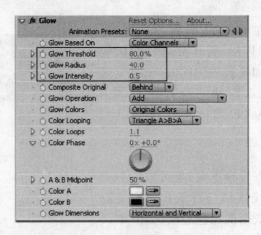

图 8-60 Glow 效果设置

STEP3：添加发光效果

选择 Adjustment Layer1 图层，右键单击，从快捷菜单中选择 Effect → Stylize → Glow 命令，在 Effcet Controls 面板中，将 Glow Threshold（发光阈值）设置为 80.0%，Glow Radius（发光半径）设置为 40.0，Glow Intensity（发光密度）设置为 0.5，Color Loops（颜色循环）设置为 1.1，如图 8-60 所示。

提示

Glow 称为"发光"效果，常用于图像中的文字和带有 Alpha 通道的图像，以产生发光效果。

拖动时间指针，观察预览窗口中的画面效果，如图 8-61 所示。

图 8-61 Glow 效果

任务七 拼合与渲染输出

STEP1：拼合动画

在菜单中选择 Composition → New Composition 命令，新建合成图像并命名为"合成输出"，其他参数如图 8-62 所示。

将 Project 面板中的"合成输出"合成图像拖入时间轴上。

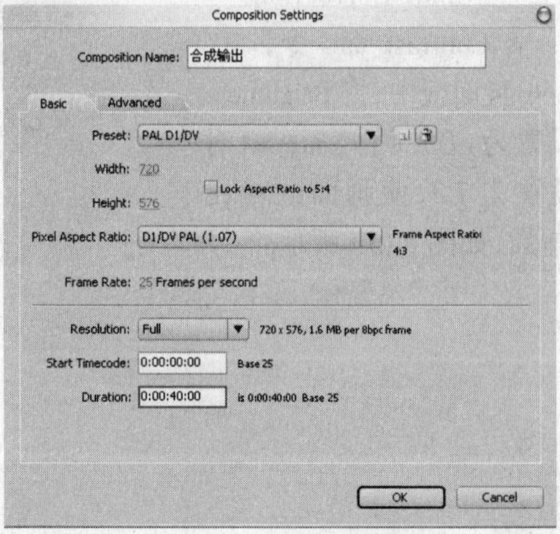

图 8-62 新建合成

为整个素材添加淡出淡入效果。展开 Transform 属性,将时间指针定位至 0 秒处,将 Opacity 设置为 0% 并创建关键帧;调节时间滑杆到 1 秒处,将 Opacity 设置为 100% 并添加关键帧,如图 8-63 所示。

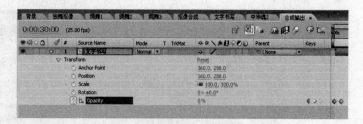

图 8-63　调整素材

STEP2:添加背景音乐

双击 Project 面板的空白处,导入素材光盘"项目八素材"文件夹下的"背景音乐 .wav"文件。

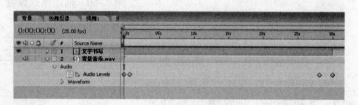

图 8-64　调节声音参数

将音乐文件拖动到 Timeline 面板中,调整 Audio 属性下的 Audio Levels 参数并设置关键帧,添加声音淡入淡出效果,如图 8-64 所示。

提示

WAV 是微软推出的具有很高音质的音频文件格式,因为它不经压缩,所以文件容量较大,大约每分钟的音频需要 10 MB 的存储空间。

STEP3:渲染、输出

选中"合成输出"合成图像,选择菜单 Composition → Make Movie 命令,如图 8-65 所示,准备渲染、输出。

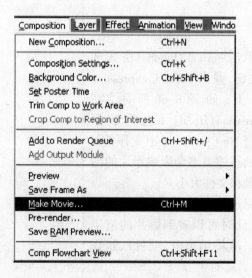

图 8-65　影片输出

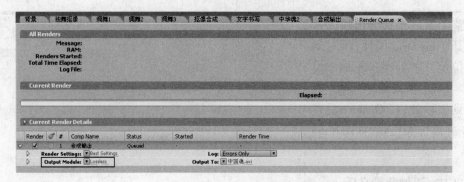

图 8-66 输出格式设置

在弹出的 Render Queue 面板中,如图 8-66 所示,单击 Output To 下拉按钮,设置输出路径和名称。

单击 Output Module 右侧的蓝色 Lossless,弹出 Out Module Settings 对话框,如图 8-67 所示,勾选 Video Output 和 Audio Output 复选框。

图 8-67 视频声音设置

单击 Format Options(格式选项)按钮,弹出 Video Compression 对话框,如图 8-68 所示,在 Compression(压缩)下拉列表框中选择 No Compression(无压缩)。不同的压缩类型会影响影片的图像质量和文件大小。

完成渲染参数设置后,开始渲染,此时可以看到影片的渲染进度。渲染结束时,项目八制作完成。

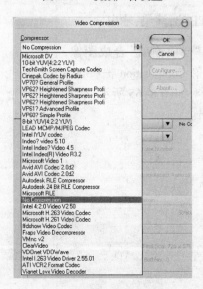

图 8-68 设置压缩类型

小结与训练

小结

通过对一系列视频和图片进行特效设计与制作,表现了中国传统文化风格。在制作美的过程中欣赏美,山水背景效果、书法动态书写效果、大红的人物主体等要素的融合,都包含着AE CS3 层模式、遮罩、位置、旋转和缩放等特效制作的基本概念和技能。

通过本项目制作,进一步巩固各类基本技能,并加强对各类基本技能的综合应用。

思考题

1. 在抠像过程中,如果使用溢出控制器还不能得到满意的结果,可以使用什么特效命令来弥补这一不足?

2. 在制作书法动画特效的时候,什么参数的数值可以改变笔画在预览或渲染中出现的时间和速度?

训练题

1. 制作一段英文字母"we are the one"的书写动画。

2. 自由拟定素材,制作一个关于"茶"文化的短片。要求:时长不少于30秒,能运用到抠像合成技术、文字书写动画效果,有符合画面要求的声音效果。

郑 重 声 明

高等教育出版社依法对本书享有专有出版权。任何未经许可的复制、销售行为均违反《中华人民共和国著作权法》,其行为人将承担相应的民事责任和行政责任,构成犯罪的,将被依法追究刑事责任。为了维护市场秩序,保护读者的合法权益,避免读者误用盗版书造成不良后果,我社将配合行政执法部门和司法机关对违法犯罪的单位和个人给予严厉打击。社会各界人士如发现上述侵权行为,希望及时举报,本社将奖励举报有功人员。

反盗版举报电话:(010) 58581897/58581896/58581879

反盗版举报传真:(010) 82086060

E - mail:dd@hep.com.cn

通信地址:北京市西城区德外大街 4 号

　　　　　　高等教育出版社打击盗版办公室

邮　　编:100120

购书请拨打电话:(010)58581118

短信防伪说明:

本书采用出版物**短信防伪**系统,用户购书后刮开封底防伪密码涂层,将 16 位防伪密码发送短信至 106695881280,免费查询所购图书真伪,同时您将有机会参加鼓励使用正版图书的抽奖活动,赢取各类奖项,详情请查询中国扫黄打非网(http://www.shdf.gov.cn)。

反盗版短信举报:编辑短信"JB,图书名称,出版社,购买地点"发送至 10669588128

短信防伪客服电话:(010) 58582300/58582301

学习卡账号使用说明:

本书所附防伪标兼有学习卡功能,登录"中等职业教育教学资源网(http://sv.hep.com.cn)"或"中等职业教育教学在线(http://sve.hep.com.cn)",可了解中职教学动态、教材信息等;按如下方法注册后,可进行网上学习并下载教学资源:

(1) 在网站首页选择相关的专业课程网,点击后进入。

(2) 在专业课程网页面上"我的学习中心"中,使用个人邮箱注册账号,并完成注册验证。

注册成功后,邮箱地址即为登录账号。

学生:登录后点击"学生充值",用本书封底上的防伪明码和密码进行充值,可获得一定时间的相应课程学习权限与积分,可上网学习、下载资源和提问等。

中职教师:通过收集 10 个防伪明码和密码,登录后点击"申请教师"→"升级成为中职课程教师",填写相关信息,升级成为教师会员,可获得授课教案、教学演示文稿、教学素材等相关教学资源。

使用本学习卡账号如有任何问题,请发邮件至:"4a_admin_zz@pub.hep.cn"。